Prefazione

Benvenuti in questo viaggio che ti accompagnerà nel mondo affascinante dell'orto, dove ogni seme piantato diventa un'opportunità per imparare, crescere e, soprattutto, nutrirsi in modo sano e consapevole. "Manuale Completo dell'Orto per Principianti" è pensato per chiunque voglia avvicinarsi alla coltivazione del proprio orto, sia che tu abbia un piccolo giardino, un terrazzo o semplicemente uno spazio disponibile nel cortile. Questo libro è il tuo compagno ideale per avviare un percorso di autosufficienza alimentare, sostenibilità e benessere.Nelle pagine di questo manuale, ti guiderò passo dopo passo alla scoperta dei segreti dell'orto, dalla pianificazione alla raccolta, passando per la scelta degli strumenti giusti, la cura delle piante e la gestione degli aspetti più tecnici come l'irrigazione, la protezione dai parassiti e la conservazione delle sementi. Ogni capitolo è progettato per fornirti informazioni pratiche, facilmente applicabili anche da chi parte da zero, ma ricche di contenuti che ti aiuteranno a sviluppare una vera e propria passione per l'arte della coltivazione.Il percorso che intraprenderai con questo manuale non è solo un'opportunità per arricchire la tua vita di conoscenze, ma anche per prendere coscienza dell'importanza di un'alimentazione sana, di un consumo consapevole e della necessità di rispettare il nostro ambiente. Ogni scelta che faremo insieme durante il cammino dell'orto è pensata per ridurre al minimo l'impatto ambientale e sfruttare al meglio le risorse naturali che la terra ci offre.

Abbiamo iniziato con una riflessione sul perché coltivare un orto sia oggi più che mai una scelta importante, non solo per migliorare la nostra alimentazione, ma anche per contribuire alla conservazione della biodiversità e per fare scelte più responsabili dal punto di vista ecologico. Abbiamo visto che ogni piccolo gesto, come la scelta di tecniche di semina naturali o l'uso di materiali biodegradabili per la pacciamatura, può fare la differenza nel preservare la nostra terra per le generazioni future.

Poi, ci siamo concentrati sugli strumenti e sulle attrezzature indispensabili, imparando che una buona attrezzatura non deve per forza essere costosa o difficile da reperire. Con pochi strumenti semplici, come una zappa, un rastrello e un buon paio di guanti, è possibile lavorare il terreno con successo e ottenere grandi risultati. La preparazione del terreno è stata un altro capitolo fondamentale, poiché è la base di un orto sano e produttivo. Abbiamo esaminato le tecniche di vangatura, di concimazione naturale e di gestione delle erbe infestanti, per garantire una crescita ottimale delle piante. In seguito, abbiamo visto come scegliere le colture più adatte, dalle insalate ai pomodori, dalle zucchine alle aromatiche, sempre tenendo conto delle stagioni e delle condizioni climatiche. Le tecniche di semina e trapianto, l'irrigazione, la gestione dei parassiti e la cura delle piante sono state trattate in dettaglio, per fornirti un quadro completo su come curare e mantenere il tuo orto, stagione dopo stagione. La raccolta e la conservazione delle sementi sono l'ultima fase che esploreremo, per permetterti di creare un ciclo continuo di coltivazioni auto-sostenibili.

La bellezza di coltivare il proprio orto risiede nella possibilità di vedere crescere con le proprie mani ciò che poi finirà sulla nostra tavola, ma anche nell'insegnamento che la natura ci offre ogni giorno. Imparare ad ascoltare il terreno, comprendere i cicli delle piante e rispettare il ritmo delle stagioni ci arricchisce profondamente, regalandoci non solo un cibo migliore, ma anche una connessione più profonda con il mondo che ci circonda. Spero che questo manuale ti abbia fornito non solo le informazioni pratiche necessarie per cominciare il tuo orto, ma anche l'ispirazione per fare del giardinaggio una parte integrante della tua vita. Con il tempo, vedrai che il lavoro nell'orto non solo porterà frutti in senso letterale, ma ti offrirà anche il piacere di una soddisfazione che solo chi ha lavorato con le proprie mani per ottenere qualcosa di vero e autentico può comprendere.

Ti auguro una buona semina, una crescita rigogliosa e una raccolta abbondante.

Indice

Introduzione
- Perché coltivare un orto? Benefici e motivazioni
- Gli strumenti essenziali per iniziare
- Il tuo primo passo verso l'autosufficienza alimentare

Capitolo 1: Pianificazione dell'orto
1.1 Analizzare il terreno: esposizione, clima e tipologia di suolo
1.2 Come progettare lo spazio: disposizione e rotazione delle colture
1.3 Quando seminare: calendario delle semine

Capitolo 2: Attrezzature e materiali indispensabili
2.1 Gli strumenti manuali: zappa, rastrello, trapiantatore
2.2 Vasi, cassoni e serre: le soluzioni per ogni spazio
2.3 Materiali per la pacciamatura: vantaggi e applicazioni

Capitolo 3: Preparazione del terreno
3.1 L'importanza della vangatura e della lavorazione iniziale
3.2 Concimazione e fertilizzanti naturali
3.3 Gestione delle erbe infestanti

Capitolo 4: Le colture più facili per iniziare
4.1 Insalate, ravanelli e spinaci: i tuoi primi raccolti
4.2 Pomodori, zucchine e peperoni: ortaggi produttivi
4.3 Aromatiche: basilico, prezzemolo e rosmarino

Capitolo 5: Tecniche di semina e trapianto
5.1 La semina diretta: come e quando farla
5.2 Il trapianto delle piantine: guida pratica
5.3 Errori comuni nella fase iniziale e come evitarli

Capitolo 6: Irrigazione e gestione dell'acqua
6.1 Sistemi di irrigazione: manuale, a goccia, automatizzata
6.2 Quanto e quando irrigare: i segreti per un'irrigazione efficace
6.3 Raccolta e utilizzo dell'acqua piovana

Capitolo 7: Protezione dell'orto dai parassiti
7.1 Prevenzione naturale: consociazioni e piante repellenti
7.2 I principali nemici dell'orto: identificazione e gestione
7.3 Preparare pesticidi naturali fatti in casa

Capitolo 8: Manutenzione e cura dell'orto
8.1 La rotazione delle colture: migliorare la fertilità del terreno
8.2 Riconoscere e correggere le carenze nutritive delle piante
8.3 Come affrontare le stagioni: l'orto in estate e inverno

Capitolo 9: Raccolta e conservazione
9.1 Riconoscere il momento giusto per la raccolta
9.2 Tecniche per conservare ortaggi e aromatiche
9.3 L'importanza della documentazione: diario dell'orto

Capitolo 10: L'orto biologico e sostenibile
10.1 I principi dell'agricoltura biologica
10.2 Come ridurre sprechi e ottimizzare risorse
10.3 L'orto come ecosistema: biodiversità e benessere

Epilogo
Ringraziamenti

Introduzione

Immagina di raccogliere un pomodoro maturo, appena staccato dalla pianta, che profuma di sole e natura. Oppure di aggiungere alla tua insalata del basilico fresco, coltivato con le tue mani. Coltivare un orto non è solo un'attività pratica: è un viaggio che combina creatività, benessere e rispetto per l'ambiente. In un'epoca in cui la vita frenetica spesso ci allontana dalla natura, un orto è un'oasi di tranquillità, una fonte di cibo sano e un passo concreto verso uno stile di vita più sostenibile.

Perché coltivare un orto? Benefici e motivazioni

Coltivare un orto offre benefici che vanno oltre il semplice raccolto. Dal punto di vista fisico, lavorare la terra ti tiene attivo e migliora la salute generale. L'attività di scavare, seminare e annaffiare stimola il corpo e ti aiuta a bruciare calorie, rendendola una forma di esercizio naturale. Ma i vantaggi non si limitano al fisico: la coltivazione di un orto è anche un toccasana per la mente. Numerosi studi dimostrano che il contatto con la natura riduce lo stress, migliora l'umore e favorisce il rilassamento.

Dal punto di vista ambientale, un orto rappresenta un impegno diretto per la sostenibilità. Coltivando i tuoi ortaggi, riduci l'impatto ambientale derivante dal trasporto e dal confezionamento dei prodotti alimentari. Inoltre, hai il pieno controllo sui metodi di coltivazione, evitando pesticidi chimici e optando per pratiche biologiche e naturali.

Infine, c'è una soddisfazione unica nel produrre il proprio cibo. Ogni raccolto, anche il più piccolo, è un successo che stimola la fiducia e rafforza il legame con ciò che mangiamo. L'orto non è solo un luogo di lavoro, ma anche uno spazio per riflettere, imparare e connettersi con la terra.

Gli strumenti essenziali per iniziare

Per avviare il tuo orto, è importante essere equipaggiati con gli strumenti giusti. Non serve una grande spesa iniziale, ma alcune attrezzature sono indispensabili per facilitare il lavoro e ottenere risultati soddisfacenti. Tra questi, i **guanti da giardinaggio**, per proteggere le mani durante le lavorazioni, e la **zappa**, ideale per preparare il terreno. Il **rastrello** aiuta a livellare il suolo e a rimuovere i detriti, mentre il **trapiantatore** è perfetto per sistemare le piantine con precisione. Non possono mancare un **annaffiatoio** e un **tubo per l'irrigazione**: l'acqua è vita per le piante, e la sua corretta gestione è cruciale. Infine, strumenti come **forbici da potatura**, **carriole** per il trasporto e un semplice **spago** per tracciare le file renderanno ogni fase della coltivazione più semplice e organizzata.

Investire in attrezzi di qualità non è solo una scelta pratica, ma anche un modo per rendere ogni attività più piacevole. Ogni strumento sarà un alleato nella tua avventura da coltivatore.

Il tuo primo passo verso l'autosufficienza alimentare

Avviare un orto significa iniziare un cammino verso l'autosufficienza alimentare. Non serve un grande terreno: anche un piccolo spazio, un balcone o un angolo del giardino possono trasformarsi in una fonte di cibo genuino. Inizia con colture semplici, come insalate, ravanelli o aromatiche, e scoprirai quanto sia gratificante vedere i primi germogli trasformarsi in piante vigorose. L'autosufficienza alimentare non significa necessariamente produrre tutto ciò che mangi, ma piuttosto ridurre la dipendenza dai supermercati e riscoprire la gioia del cibo fresco. Ogni pianta coltivata rappresenta un passo verso una vita più consapevole, dove ogni pasto è il risultato del tuo impegno e della tua passione.

In questo manuale troverai tutto ciò che serve per trasformare l'idea di un orto in realtà, imparando a pianificare, seminare e raccogliere. Non importa quanto tu sia principiante: con un po' di entusiasmo e i consigli giusti, il tuo orto diventerà una fonte di orgoglio, salute e felicità. Ora, è il momento di sporcarti le mani e iniziare questa avventura!

In conclusione, arrivato alla fine di questo manuale, hai percorso un viaggio che va oltre le nozioni tecniche. Non hai semplicemente imparato come seminare o irrigare, ma hai gettato le basi per una nuova connessione con la natura e con il cibo che porti sulla tua tavola. Il tuo orto non è più solo un progetto, ma un luogo vivo, un piccolo ecosistema che cresce, si evolve e restituisce frutti tangibili e intangibili.

Coltivare un orto, come hai scoperto, è molto più di un'attività pratica. È un atto di cura verso te stesso e l'ambiente, una forma di meditazione attiva che ti insegna a rispettare i tempi della natura. Le mani nella terra non sono solo simbolo di lavoro, ma di una relazione profonda con ciò che ci circonda. Ogni seme che germoglia è un trionfo, ogni raccolto un premio per la dedizione e l'attenzione.

Ora sei pronto a fare il prossimo passo. Ricorda che non è necessario avere tutto perfetto: l'orto è un laboratorio continuo, dove si impara dai successi e dagli errori. Non scoraggiarti se qualcosa non cresce come previsto; ogni stagione porta con sé nuove opportunità. Pianta ciò che ami, sperimenta con colture diverse e, soprattutto, divertiti.

Il tuo orto è il primo passo verso un cambiamento più ampio. Ogni pianta coltivata, ogni piatto preparato con ingredienti freschi e ogni piccolo gesto di sostenibilità contribuiscono a un mondo più verde e consapevole. E ora che hai tutte le conoscenze necessarie, non resta che iniziare. Buon lavoro e buona coltivazione: che il tuo orto sia rigoglioso e che ogni raccolto sia una gioia per i tuoi sensi e il tuo spirito.

Cominciamo!!

1.1 Analizzare il terreno: esposizione, clima e tipologia di suolo

La pianificazione è la base per il successo di qualsiasi orto, e il primo passo cruciale è analizzare il terreno. Prima di iniziare a seminare, è essenziale capire le caratteristiche del tuo spazio di coltivazione, perché non tutti i terreni sono uguali e ogni pianta ha esigenze specifiche. Questo sottocapitolo ti guiderà nel valutare i tre elementi fondamentali per il tuo orto: l'esposizione, il clima e la tipologia di suolo.

Esposizione: la luce è vita

L'esposizione solare è forse l'aspetto più importante per la crescita delle piante. La maggior parte delle colture orticole, come pomodori, zucchine e peperoni, richiedono almeno 6-8 ore di luce diretta al giorno per crescere sane e produttive. Per questo, scegli un'area che non sia ombreggiata da edifici, alberi o altre strutture. Se il tuo spazio non riceve luce piena, non scoraggiarti: alcune colture, come insalate, spinaci e aromatiche come la menta, possono crescere bene anche con 3-4 ore di luce indiretta.
Osserva il tuo terreno durante il giorno e identifica le zone più soleggiate. Se hai un balcone o un terrazzo, tieni conto delle variazioni stagionali dell'esposizione. In inverno, il sole è più basso e potrebbe illuminare meno aree rispetto all'estate.

Clima: conoscere l'ambiente circostante

Ogni orto è influenzato dal clima locale. Temperature, venti e piogge determinano quali colture possono crescere con successo. Ad esempio, se vivi in una zona con estati calde e secche, opta per piante resistenti alla siccità come pomodori e peperoncini. Invece, in climi freschi e umidi, prediligi ortaggi come lattughe, cavoli e porri.
Anche il vento è un fattore cruciale. Le correnti d'aria intense possono danneggiare le piante giovani o seccare rapidamente il terreno. In tal caso, valuta la possibilità di creare barriere naturali, come siepi o recinzioni, o artificiali, come pannelli frangivento.

Tipologia di suolo: la base della fertilità

Il terreno è l'anima del tuo orto e la sua qualità influisce direttamente sulla salute delle piante. Ci sono tre tipi principali di suolo:

- **Sabbioso:** drena rapidamente l'acqua e si asciuga facilmente. È ideale per piante che non amano terreni troppo umidi, come carote o cipolle, ma richiede annaffiature frequenti.

- **Argilloso:** trattiene molta acqua, ma può diventare compatto e poco drenante. Per migliorarlo, aggiungi sabbia o compost organico per renderlo più soffice e aerato.

- **Limoso:** un terreno bilanciato che trattiene bene l'acqua e i nutrienti. È perfetto per la maggior parte delle colture.

Per determinare il tipo di suolo del tuo orto, fai una semplice analisi manuale. Prendi una manciata di terra e stringila tra le mani. Se si sbriciola facilmente, è sabbioso; se forma una massa compatta, è argilloso; se rimane morbido ma coeso, è limoso.
Inoltre, è importante verificare il **pH del terreno**, che indica il livello di acidità o alcalinità. La maggior parte delle piante orticole preferisce un pH neutro (tra 6 e 7), ma alcune, come i mirtilli, prediligono suoli più acidi. Puoi acquistare un kit per testare il pH in un negozio di giardinaggio o online.

Conclusioni pratiche
Dopo aver analizzato esposizione, clima e terreno, avrai una visione chiara delle potenzialità del tuo orto. Questo ti permetterà di scegliere le colture più adatte e di adottare eventuali accorgimenti, come migliorare il suolo o proteggere le piante dal vento. Ricorda: un buon inizio è la chiave per un orto rigoglioso e produttivo.

1.2 Come progettare lo spazio: disposizione e rotazione delle colture

Un orto ben progettato non solo ottimizza lo spazio a disposizione, ma garantisce piante sane e raccolti abbondanti. La disposizione delle colture e la rotazione delle stesse sono strategie fondamentali per massimizzare la produttività e preservare la fertilità del terreno. In questo sottocapitolo, esploreremo come organizzare al meglio il tuo orto, tenendo conto delle esigenze delle piante e delle risorse disponibili.

Progettare la disposizione delle colture

La disposizione delle piante nel tuo orto è fondamentale per sfruttare al massimo luce, spazio e nutrienti. Segui questi principi per un'organizzazione efficiente:

Identifica le colture principali e secondarie:
Le colture principali sono quelle che richiedono più spazio e risorse, come pomodori, zucchine e peperoni. Le colture secondarie, come insalate, ravanelli o erbe aromatiche, occupano meno spazio e possono essere coltivate tra le piante principali o ai bordi dell'orto.

Utilizza la consociazione:
La consociazione consiste nel coltivare piante che si supportano a vicenda. Ad esempio, pomodori e basilico non solo crescono bene insieme, ma il basilico aiuta a tenere lontani i parassiti. Allo stesso modo, carote e cipolle possono essere consociate per ridurre l'attacco di insetti nocivi.

Rispetta le esigenze di spazio e luce:
Piante più alte, come pomodori e mais, devono essere posizionate a nord o lungo i bordi per evitare che ombreggino le piante più basse. Le colture rampicanti, come i fagioli, possono essere sostenute con tutori verticali, ottimizzando lo spazio in altezza.

Prevedi percorsi per l'accesso:
L'orto deve essere accessibile senza calpestare le aiuole. Organizza il terreno in aiuole rialzate o file con passaggi di almeno 30-40 cm tra loro, così da lavorare comodamente ogni area.

La rotazione delle colture
La rotazione delle colture è una pratica indispensabile per mantenere il terreno fertile e ridurre l'insorgenza di malattie e parassiti. Consiste nel cambiare la posizione delle colture ogni stagione o anno, seguendo un ordine logico basato sulle loro esigenze nutritive.

Classifica le colture in base alle loro esigenze

Le piante possono essere suddivise in tre gruppi principali:
- **Piante che esauriscono il terreno** (es. pomodori, peperoni, cavoli): richiedono molti nutrienti.

- **Piante che rinnovano il terreno** (es. legumi come piselli e fagioli): arricchiscono il suolo con azoto.

- **Piante a basso consumo** (es. cipolle, aglio, carote): richiedono meno risorse.

Applica un ciclo triennale o quadriennale

Organizza le colture seguendo un ciclo, ad esempio:
- Anno 1: piante che esauriscono il terreno
- Anno 2: piante che rinnovano il terreno
- Anno 3: piante a basso consumo
- In questo modo, il terreno avrà il tempo di rigenerarsi.

Evita di coltivare la stessa famiglia di piante nello stesso posto

Le piante della stessa famiglia (ad esempio, pomodori, melanzane e peperoni, che appartengono alle Solanacee) sono suscettibili agli stessi parassiti e malattie. Cambiare posizione riduce questi rischi.

Suggerimenti pratici

- Disegna una mappa del tuo orto, indicando le posizioni di ogni pianta. Questo ti aiuterà a pianificare le rotazioni per gli anni successivi.

- Se hai uno spazio limitato, considera l'uso di cassoni rialzati o vasi per mantenere una rotazione efficace anche in piccoli orti.

- Pianifica di piantare piante di copertura, come trifoglio o senape, durante i periodi di riposo del terreno. Queste aiutano a rigenerare il suolo.

La progettazione dello spazio e l'applicazione della rotazione delle colture sono strategie indispensabili per un orto produttivo e sostenibile. Investire tempo nella pianificazione iniziale ti permetterà di ridurre problemi futuri e di garantire un raccolto abbondante, anno dopo anno. Un orto ben organizzato è il primo passo verso un'agricoltura domestica consapevole e duratura.

1.3 Quando seminare: calendario delle semine

Una pianificazione accurata delle semine è fondamentale per garantire un raccolto abbondante e continuo durante l'anno. Ogni pianta ha un periodo ideale per essere seminata, che dipende dal suo ciclo di crescita, dalle condizioni climatiche e dalle temperature stagionali. Questo sottocapitolo ti guiderà nella comprensione del calendario delle semine, fornendoti indicazioni utili per organizzare al meglio le colture del tuo orto.

Capire i cicli stagionali delle piante

Le piante orticole si dividono in base alla loro preferenza climatica e stagionale:

Colture primaverili-estive:

Queste piante crescono con temperature miti o calde. Vanno seminate in primavera o all'inizio dell'estate. Alcuni esempi includono:

- Pomodori
- Peperoni
- Zucchine
- Cetrioli
- Melanzane
- Basilico

Colture autunnali-invernali:

Prediligono temperature più fresche e resistono al freddo. Si seminano generalmente alla fine dell'estate o in autunno. Tra queste troviamo:

- Spinaci
- Cavoli
- Porri
- Finocchi
- Cipolle

Colture perenni o a ciclo lungo

Alcune piante, come carciofi e asparagi, richiedono più stagioni per svilupparsi e devono essere pianificate con attenzione.

Semine in pieno campo o in semenzaio

Una decisione importante nella pianificazione è se seminare direttamente in pieno campo o utilizzare un semenzaio:
- **Semina diretta in pieno campo**: adatta per colture che non tollerano il trapianto, come carote, ravanelli e spinaci. Questa tecnica è più semplice, ma richiede temperature del suolo adeguate.

- **Semina in semenzaio**: ideale per piante che necessitano di una partenza anticipata, come pomodori, peperoni e melanzane. Puoi iniziare in casa o in una serra, garantendo alle piantine protezione da freddo e intemperie.

Il calendario delle semine mese per mese

Ecco un esempio pratico di calendario mensile per le colture principali. Adatta queste indicazioni alle condizioni climatiche della tua zona.

- **Gennaio**: in semenzaio protetto, puoi iniziare con pomodori, melanzane e peperoni.
- **Febbraio**: semina spinaci e lattughe in pieno campo nelle regioni miti; continua con le semine in semenzaio.
- **Marzo**: ideale per iniziare carote, ravanelli e cipolle in pieno campo; trapianta le piantine di pomodori e zucchine.
- **Aprile**: semina fagioli, mais e cetrioli; pianta le aromatiche come basilico e prezzemolo.
-
- **Maggio**: completa le semine estive con peperoni, meloni e angurie.
- **Giugno**: inizia le semine autunnali di cavoli e finocchi.
- **Luglio**: semina insalate, rucola e porri per i raccolti autunnali.
- **Agosto**: pianta spinaci e bietole; prepara il terreno per le colture invernali.
- **Settembre**: è il momento di seminare aglio e cipolle per l'anno successivo.
- **Ottobre**: semina piselli e fave per le regioni a clima mite.
- **Novembre e Dicembre**: nei mesi più freddi, proteggi il terreno con colture di copertura o pacciamatura.

Fattori climatici e regionali

Il calendario delle semine varia a seconda della regione e del clima locale. In zone a clima mite, potrai seminare alcune colture in anticipo rispetto alle zone fredde. Presta attenzione alle gelate tardive, che possono danneggiare le piante giovani.
Per avere una guida specifica, consulta il calendario lunare, che può influenzare il momento migliore per seminare e trapiantare. Ad esempio, i giorni di luna crescente sono considerati favorevoli per le piante che crescono verso l'alto, come pomodori e peperoni.

Seguire un calendario delle semine ti permetterà di sfruttare al meglio il tuo orto, garantendo raccolti diversificati durante tutto l'anno. Pianifica con cura, prendendo in considerazione le esigenze climatiche, i cicli stagionali delle piante e lo spazio disponibile. Con una buona organizzazione, il tuo orto diventerà una fonte continua di soddisfazione e cibo fresco per la tua tavola.

Conclusione del Capitolo 1: Pianificazione dell'orto

La pianificazione è il cuore pulsante di un orto di successo. Come hai visto in questo primo capitolo, dedicare il giusto tempo a organizzare ogni dettaglio, dall'analisi del terreno alla disposizione delle colture e al calendario delle semine, non è solo una fase preliminare, ma un investimento essenziale per garantire un raccolto abbondante e di qualità.
Conoscere il terreno che ospiterà il tuo orto è il primo passo per creare un ambiente favorevole alle piante. Capire la sua esposizione al sole, il tipo di suolo e le condizioni climatiche della tua area ti permette di scegliere le colture più adatte, prevenire problemi e ridurre gli sprechi di risorse. Ricorda: un terreno sano è la base su cui costruire un orto produttivo.
La progettazione dello spazio è altrettanto fondamentale. Disporre le colture in modo strategico, sfruttare la consociazione e pianificare percorsi per un accesso agevole ti consente di ottimizzare ogni metro quadrato del tuo orto. Inoltre, la rotazione delle colture è una pratica che garantisce la fertilità del terreno nel lungo termine, aiutando a prevenire malattie e parassiti.
Infine, il calendario delle semine è il tuo alleato per mantenere un orto vivo e produttivo tutto l'anno. Sapere quando e come seminare le diverse piante ti permette di rispettare i loro cicli naturali e di ottenere raccolti continui e diversificati. Che tu utilizzi il semenzaio o il pieno campo, la chiave è adattare le semine alle condizioni specifiche del tuo territorio, considerando anche le variabili climatiche e stagionali.

Pianificare un orto richiede impegno, osservazione e un po' di pazienza, ma i risultati ripagano ogni sforzo. Ogni raccolto sarà il frutto delle tue scelte e del tuo lavoro, e vedere il tuo orto crescere rigoglioso sarà una fonte inesauribile di soddisfazione. Ora che hai una solida base di conoscenze, sei pronto a passare alla fase pratica: la preparazione del terreno e l'inizio della tua avventura nell'orto. Buon lavoro!

Introduzione al Capitolo 2: Attrezzature e materiali indispensabili

Per avviare e mantenere un orto produttivo, non bastano la passione e una buona pianificazione: servono anche gli strumenti giusti. Le attrezzature e i materiali indispensabili rappresentano il supporto pratico per ogni attività, dalla preparazione del terreno alla cura quotidiana delle piante. Avere a disposizione gli strumenti adeguati non solo semplifica il lavoro, ma lo rende più efficiente e piacevole, consentendo di ottenere risultati migliori con meno fatica.

In questo capitolo esploreremo nel dettaglio ciò di cui hai bisogno per avviare il tuo orto, tenendo conto che le esigenze possono variare in base alle dimensioni dello spazio, al tipo di coltivazioni e al metodo di coltura scelto. Dalle attrezzature di base, come zappa e annaffiatoio, ai materiali più specifici, come reti anti-insetto o compostiere, scopriremo come ogni elemento possa contribuire a migliorare l'organizzazione e la resa del tuo orto.

Perché investire nelle giuste attrezzature?

Un'attrezzatura di qualità rappresenta un investimento a lungo termine. Strumenti robusti e ben progettati possono durare per anni, riducendo i costi di sostituzione e garantendo un uso confortevole e sicuro. Lavorare con attrezzi ergonomici, ad esempio, ti aiuta a prevenire l'affaticamento e i problemi fisici, mentre utilizzare materiali specifici, come pacciamature biodegradabili o serre mobili, può migliorare la salute del tuo terreno e delle tue piante.

Attrezzature per ogni fase del lavoro

La cura dell'orto si divide in diverse fasi, ognuna delle quali richiede strumenti specifici. Per la preparazione del terreno, zappe, vanghe e rastrelli sono indispensabili. La semina e il trapianto richiedono invece accessori più delicati, come trapiantatori e spaghi per tracciare le file. Durante la crescita delle piante, altri strumenti, come forbici da potatura, tutori e sistemi di irrigazione, diventano protagonisti del tuo lavoro quotidiano.

Non dimentichiamo che la manutenzione dell'orto richiede anche una buona organizzazione degli strumenti stessi: scegliere attrezzi facilmente riponibili e resistenti alle intemperie ti consentirà di mantenere ordine e di lavorare in modo più efficiente.

Materiali per un orto sostenibile

Negli ultimi anni, sempre più ortisti hanno scelto di adottare un approccio sostenibile, optando per materiali ecologici e tecniche che riducono l'impatto ambientale. In questo capitolo parleremo di materiali come compost e pacciamature naturali, utili per migliorare la fertilità del terreno e ridurre l'uso di prodotti chimici. Scopriremo anche l'importanza del recupero dell'acqua piovana, dell'utilizzo di contenitori riciclati per il semenzaio e di reti protettive biodegradabili.

Investire in materiali sostenibili non significa solo fare una scelta etica, ma anche ridurre i costi a lungo termine, sfruttando al meglio le risorse che la natura mette a disposizione.

Adattare le attrezzature alle tue esigenze

Che tu stia coltivando un piccolo orto in terrazza o un ampio appezzamento di terra, la scelta delle attrezzature deve essere proporzionata alle tue necessità. In questo capitolo ti forniremo consigli pratici per identificare gli strumenti essenziali per il tuo progetto, evitando acquisti superflui. Ricorda che non è necessario acquistare tutto subito: molte attrezzature possono essere integrate gradualmente, man mano che il tuo orto cresce.

Conoscere e utilizzare le attrezzature e i materiali giusti è il primo passo per rendere il lavoro nell'orto più semplice, efficiente e sostenibile. Questo capitolo ti guiderà nella scelta consapevole degli strumenti indispensabili, aiutandoti a creare un kit perfetto per il tuo spazio verde. Preparati a scoprire come la giusta combinazione di attrezzature e materiali può trasformare la cura del tuo orto in un'attività appagante e senza intoppi.

2.1 Gli strumenti manuali: zappa, rastrello, trapiantatore

Gli strumenti manuali rappresentano l'essenza del lavoro nell'orto, specialmente per chi coltiva in piccoli spazi o preferisce un approccio tradizionale e sostenibile. Tra i più importanti troviamo la zappa, il rastrello e il trapiantatore. Questi utensili, semplici ma indispensabili, sono alla base di ogni attività, dalla preparazione del terreno alla semina e al trapianto. In questo sottocapitolo esamineremo nel dettaglio l'uso, le caratteristiche e i benefici di ciascuno di essi.

La zappa: l'alleato per la lavorazione del terreno

La zappa è forse lo strumento più iconico e versatile dell'orto. Il suo ruolo principale è quello di rompere e smuovere il terreno, preparandolo per la semina. Tuttavia, le sue funzioni non si limitano a questo:

- **Preparazione del terreno:** La zappa consente di sminuzzare le zolle compatte, migliorando l'aerazione e la permeabilità del terreno. Questo favorisce il drenaggio dell'acqua e l'assorbimento dei nutrienti da parte delle radici.

- **Diserbo:** Grazie alla sua lama affilata, la zappa è ideale per rimuovere le erbacce che competono con le colture per spazio, acqua e nutrienti.

- **Creazione di solchi:** Nella semina, può essere utilizzata per tracciare solchi di profondità uniforme, agevolando la distribuzione dei semi.

Esistono diverse tipologie di zappa, ognuna adatta a esigenze specifiche. Per esempio, le zappe a lama stretta sono utili per lavorare in spazi ridotti o intorno a piante delicate, mentre quelle a lama larga sono perfette per lavorare superfici più ampie. Scegli una zappa con un manico ergonomico e leggero per ridurre la fatica durante l'uso.

Il rastrello: il perfezionista del terreno

Il rastrello è un altro strumento essenziale per l'orto. La sua funzione principale è livellare il terreno, ma le sue applicazioni vanno ben oltre:

- **Livellamento:** Dopo aver lavorato il terreno con la zappa, il rastrello aiuta a distribuire uniformemente la terra, eliminando eventuali irregolarità. Un terreno ben livellato garantisce una crescita uniforme delle piante.

- **Rimozione di detriti:** Il rastrello è ideale per eliminare sassi, radici e altri residui che potrebbero ostacolare la crescita delle colture.

- **Preparazione delle aiuole:** Può essere utilizzato per definire i confini delle aiuole e per compattare leggermente il terreno superficiale dopo la semina, migliorando il contatto tra semi e terreno.

Anche il rastrello è disponibile in diverse versioni. I rastrelli in metallo sono più robusti e adatti a terreni duri, mentre quelli in plastica o legno sono utili per spostare foglie o materiali più leggeri. Per un uso prolungato, opta per un rastrello con un'impugnatura confortevole.

Il trapiantatore: precisione per la messa a dimora

Il trapiantatore è uno strumento indispensabile per piantare con precisione e cura. Grazie alla sua forma stretta e appuntita, è ideale per scavare piccoli fori per le piantine o i bulbi. Le sue principali funzioni includono:

- **Trapianto di piantine:** Facilita la creazione di buche della giusta profondità e larghezza, evitando di danneggiare le radici.

- **Aerazione del terreno:** In piccoli spazi, il trapiantatore può essere usato per smuovere la terra intorno alle piante, migliorando l'aerazione.

- **Misurazione della profondità:** Molti trapiantatori hanno una scala graduata sulla lama, utile per garantire che le piantine siano piantate alla profondità corretta.

Quando scegli un trapiantatore, assicurati che la lama sia in acciaio inox per resistere alla ruggine e che il manico sia ergonomico, per una presa comoda e stabile.

Consigli per la manutenzione degli strumenti manuali

Per garantire che i tuoi strumenti durino a lungo e funzionino al meglio, è importante mantenerli in buono stato. Ecco alcuni suggerimenti utili:

- **Pulizia dopo l'uso:** Rimuovi sempre la terra residua con una spazzola o un panno umido. Per le lame metalliche, usa acqua e asciuga bene per evitare la formazione di ruggine.

- **Affilatura periodica:** Mantieni le lame della zappa e del trapiantatore ben affilate per lavorare con meno sforzo e ottenere risultati migliori.

- **Conservazione:** Riponi gli attrezzi in un luogo asciutto e, se possibile, appendili per evitare che le lame tocchino il suolo.

La zappa, il rastrello e il trapiantatore sono strumenti semplici ma fondamentali per ogni orticoltore, indipendentemente dall'esperienza o dalle dimensioni del proprio orto. Imparare a usarli correttamente e prendersi cura di essi è il primo passo per lavorare in modo efficiente e con soddisfazione. Con questi attrezzi a tua disposizione, sarai in grado di preparare il terreno, seminare e trapiantare con facilità, dando vita a un orto rigoglioso e ben curato.

2.2 Vasi, cassoni e serre: le soluzioni per ogni spazio

Ogni orto ha le sue peculiarità, e adattare le coltivazioni allo spazio disponibile è un elemento chiave per ottenere successo. Vasi, cassoni e serre rappresentano soluzioni versatili e pratiche, adatte a diversi contesti e necessità. Che tu disponga di un piccolo balcone, di un terrazzo o di un appezzamento di terreno, queste opzioni ti consentono di coltivare ortaggi e piante aromatiche con risultati eccellenti, massimizzando le potenzialità del tuo spazio.

Vasi: l'orto in formato compatto

I vasi sono la scelta ideale per chi dispone di spazi limitati, come balconi o terrazzi, ma non vuole rinunciare alla coltivazione di piante fresche e genuine. La loro versatilità è uno dei principali vantaggi, poiché possono essere spostati facilmente per seguire il sole o per proteggere le piante da condizioni climatiche avverse.

- **Materiali dei vasi:**

  - I vasi sono disponibili in una vasta gamma di materiali, ognuno con i suoi vantaggi:

    - *Plastica*: leggeri, economici e facili da maneggiare, ma meno durevoli nel tempo.

    - *Terracotta*: esteticamente gradevoli e naturali, favoriscono una buona traspirazione, ma sono più fragili.

    - *Metallo*: moderni e resistenti, ma possono surriscaldarsi al sole, danneggiando le radici.

    - *Legno*: ideali per un look rustico, offrono un buon isolamento termico, ma richiedono manutenzione per evitare il deterioramento.

- **Dimensioni e profondità:**

  - La scelta delle dimensioni dipende dal tipo di coltura. Erbe aromatiche e insalate crescono bene in vasi poco profondi (15-20 cm), mentre pomodori, zucchine e peperoni richiedono contenitori più ampi e profondi (30-40 cm).

- **Drenaggio:**

  - È fondamentale assicurarsi che i vasi abbiano fori per il drenaggio, per evitare ristagni d'acqua che possono provocare il marciume delle radici.

Cassoni: organizzazione e controllo

I cassoni, o letti rialzati, sono una soluzione intermedia tra la coltivazione in pieno campo e quella in vaso. Sono particolarmente apprezzati per la loro capacità di ottimizzare lo spazio e migliorare le condizioni di crescita delle piante. Ideali per orti urbani o per chi desidera un'organizzazione più precisa del proprio spazio coltivabile, i cassoni offrono numerosi vantaggi:

- **Vantaggi principali:**

    - *Migliore drenaggio:* il terreno nei cassoni drena più facilmente rispetto a quello in pieno campo, riducendo il rischio di ristagni.

    - *Temperatura ideale:* il terreno nei cassoni si riscalda più velocemente in primavera, favorendo una crescita precoce delle piante.

    - *Controllo del suolo:* riempiendo i cassoni con terreno di qualità, puoi evitare problemi legati a suoli poveri o contaminati.

- **Costruzione e materiali:**
- I cassoni possono essere costruiti con diversi materiali, come legno, plastica riciclata o metallo. La scelta dipende dal budget e dall'estetica desiderata. Per una maggiore durata, si consiglia di trattare il legno con prodotti naturali, come olio di lino, per proteggerlo dall'umidità.

- **Disposizione e altezza:**
- I cassoni possono essere alti dai 20 ai 50 cm, a seconda delle colture e delle preferenze personali. Un'altezza maggiore è ideale per chi desidera evitare di piegarsi troppo durante il lavoro. Posizionali in un'area ben esposta al sole e facilita l'accesso con percorsi tra un cassone e l'altro.

Serre: coltivare tutto l'anno

Le serre sono la soluzione perfetta per chi desidera coltivare in ogni stagione, indipendentemente dalle condizioni climatiche. Proteggendo le piante dal freddo, dal vento e dalle intemperie, le serre permettono di estendere il periodo di crescita e di ottenere raccolti anche in inverno.

- **Tipologie di serre:**

    - *Mini-serre:* compatte e ideali per balconi o terrazzi, sono utili per proteggere semenzai o piccole piante durante i mesi freddi.

    - *Serre tunnel:* realizzate con telai in metallo o plastica e coperte da un telo trasparente, offrono un buon compromesso tra costo e funzionalità per chi coltiva in piccoli appezzamenti.

    - *Serre fisse:* strutture permanenti in vetro o policarbonato, rappresentano una scelta professionale per chi coltiva su larga scala.

- **Vantaggi delle serre:**

  - Protezione dalle gelate e dalle condizioni climatiche avverse.
  - Possibilità di iniziare le semine in anticipo rispetto alla stagione tradizionale.
  - Controllo dell'umidità e della temperatura interna.

- **Accessori utili per le serre:**

- Considera l'installazione di sistemi di ventilazione per evitare il surriscaldamento e di irrigazione automatica per mantenere un'umidità costante. Inoltre, l'uso di scaffalature ti aiuterà a sfruttare al meglio lo spazio verticale.

Vasi, cassoni e serre rappresentano soluzioni complementari che si adattano a diversi contesti e obiettivi. Ogni scelta dipende dallo spazio disponibile, dal budget e dalle colture che desideri coltivare. Combinando questi strumenti in modo strategico, puoi creare un orto che risponda alle tue esigenze, ottimizzando le risorse e ottenendo raccolti abbondanti e di qualità durante tutto l'anno. Scegli ciò che meglio si adatta al tuo stile di vita e inizia a trasformare il tuo spazio in un'oasi verde produttiva e soddisfacente.

2.3 Materiali per la pacciamatura: vantaggi e applicazioni

La pacciamatura è una delle tecniche più semplici e allo stesso tempo più efficaci per migliorare la salute e la produttività di un orto. Consiste nel coprire la superficie del terreno con uno strato di materiali specifici, naturali o artificiali, per proteggerlo dagli agenti atmosferici, regolare la temperatura e ridurre l'evaporazione dell'acqua. È una pratica utilizzata da secoli, particolarmente apprezzata da chi desidera un orto più sostenibile, efficiente e facile da gestire.

Cos'è la pacciamatura e a cosa serve?

La pacciamatura crea una sorta di "coperta protettiva" sul terreno, che offre numerosi benefici sia per le piante che per il suolo. Ecco alcune delle sue funzioni principali:

1. **Riduzione dell'evaporazione:** Lo strato di pacciamatura trattiene l'umidità nel terreno, diminuendo la necessità di irrigazioni frequenti. Questo è particolarmente utile in estate o in climi aridi.

2. **Protezione dal freddo e dal caldo:** La pacciamatura agisce come isolante termico, mantenendo il terreno più caldo in inverno e più fresco in estate.

3. **Controllo delle erbacce:** Coprendo il terreno, impedisce alle erbacce di ricevere luce solare, riducendo la loro crescita e facilitando la manutenzione dell'orto.

4. **Miglioramento della fertilità:** I materiali organici, come la paglia o il compost, si decompongono gradualmente, arricchendo il terreno di sostanze nutritive.

5. **Protezione dall'erosione:** In caso di piogge intense, la pacciamatura riduce il rischio che il terreno venga eroso o compattato, preservandone la struttura.

Materiali per la pacciamatura

Esistono diversi tipi di materiali che possono essere utilizzati per la pacciamatura, ciascuno con caratteristiche e applicazioni specifiche. Questi si dividono in due grandi categorie: materiali naturali e materiali sintetici.

Materiali naturali

I materiali naturali sono biodegradabili e spesso reperibili a basso costo o gratuitamente, il che li rende la scelta ideale per un orto sostenibile.

1. Paglia:
- Leggera e facile da distribuire, la paglia è ottima per pacciamare aiuole di ortaggi come pomodori, zucchine e cetrioli.
- Si decompone lentamente, migliorando la fertilità del suolo nel tempo.
- Offre anche una buona protezione contro l'evaporazione e il caldo.

2. Fieno:
- Simile alla paglia, ma spesso contiene semi di erbacce, quindi richiede maggiore attenzione.
- È utile per colture a ciclo breve, come insalate e ravanelli.

3. Corteccia e trucioli di legno:
- Ideali per pacciamare intorno ad alberi o arbusti, sono meno comuni negli orti ma offrono un'ottima protezione contro l'erosione.
- Si decompongono lentamente e aggiungono sostanza organica al terreno.

4. Foglie secche:
- Un materiale facilmente reperibile in autunno, perfetto per orti domestici.
- Bisogna però assicurarsi che le foglie siano asciutte e distribuite uniformemente per evitare la formazione di muffe.

5. Compost:
- Oltre a pacciamare, il compost nutre direttamente il terreno, migliorandone la struttura e la fertilità.
- È particolarmente indicato per colture esigenti come pomodori e melanzane.

Materiali sintetici

I materiali sintetici non si decompongono e sono più durevoli, ma meno sostenibili rispetto ai naturali. Sono utilizzati principalmente in contesti agricoli professionali.

1. Teli in plastica:
- Disponibili in diversi colori (nero, trasparente o bianco), i teli plastici sono efficaci

nel bloccare le erbacce e nel mantenere costante la temperatura del terreno.
- Tuttavia, non si decompongono e possono richiedere smaltimento adeguato, rendendoli meno ecologici.

2. Tessuti non tessuti:
- Più traspiranti rispetto ai teli plastici, sono utili per proteggere il terreno durante i mesi più freddi.
- Hanno una durata più lunga rispetto ai materiali naturali, ma richiedono un investimento iniziale maggiore.

3. Cartone o giornali:
- Materiali economici e facilmente reperibili, possono essere utilizzati come base per altre pacciamature naturali.
- Sono biodegradabili, ma è importante evitare carta con inchiostri tossici.

Come applicare la pacciamatura

Per ottenere i massimi benefici, è importante applicare la pacciamatura nel modo corretto:

- **Preparazione del terreno:**
  Rimuovi le erbacce e irriga abbondantemente il terreno prima di applicare la pacciamatura.

- **Spessore dello strato:**
  Per materiali leggeri come paglia o fieno, applica uno strato di 5-10 cm.
  Per materiali più pesanti, come compost o corteccia, uno strato di 3-5 cm è sufficiente.

- **Posizionamento:**
  Evita di coprire la base delle piante per prevenire problemi di marciume. Lascia qualche centimetro di spazio intorno ai fusti.

La pacciamatura è una pratica che combina semplicità ed efficacia, offrendo benefici immediati e a lungo termine per l'orto. Sia che tu scelga materiali naturali per un approccio sostenibile, sia che opti per soluzioni sintetiche per esigenze specifiche, integrare la pacciamatura nella gestione del tuo orto ti permetterà di risparmiare tempo, acqua e fatica. Con un po' di attenzione nella scelta dei materiali e nell'applicazione, trasformerai il tuo orto in un ambiente più sano, produttivo e facile da gestire.

Conclusione del Capitolo 2: Attrezzature e materiali indispensabili

La scelta delle attrezzature e dei materiali giusti è il fondamento su cui si costruisce un orto produttivo e facile da gestire. Come abbiamo visto, strumenti manuali come la zappa, il rastrello e il trapiantatore rappresentano l'ossatura del lavoro quotidiano nell'orto, offrendo praticità e versatilità.

Questi utensili non solo facilitano la preparazione del terreno e la cura delle piante, ma permettono anche di affrontare le operazioni con precisione e soddisfazione. Una buona manutenzione e una scelta oculata degli strumenti adeguati garantiscono che il loro utilizzo sia efficace e duraturo nel tempo.

Dopo aver esaminato gli strumenti, ci siamo soffermati sulle soluzioni pratiche per ottimizzare ogni tipo di spazio. Che si tratti di un balcone, di un piccolo giardino o di un appezzamento più ampio, vasi, cassoni e serre si rivelano alleati preziosi per adattare le coltivazioni alle tue esigenze. I vasi permettono di trasformare anche un angolo urbano in un'oasi verde, i cassoni rialzati offrono maggiore controllo e organizzazione, mentre le serre garantiscono raccolti durante tutto l'anno, proteggendo le colture dagli sbalzi climatici.

Infine, la pacciamatura rappresenta una pratica strategica per migliorare la salute del terreno e semplificare la gestione dell'orto. Grazie all'utilizzo di materiali naturali o sintetici, è possibile mantenere il suolo fertile, ridurre le erbacce e ottimizzare l'irrigazione, contribuendo così a una coltivazione più sostenibile e produttiva.

In sintesi, il successo di un orto non dipende solo dalla scelta delle colture o dalla dedizione dell'orticoltore, ma anche dall'utilizzo intelligente delle attrezzature e dei materiali. Investire tempo e risorse nella selezione di strumenti adeguati e nell'applicazione di tecniche come la pacciamatura non solo migliorerà la qualità del raccolto, ma renderà l'esperienza di coltivare un orto ancora più appagante. Con le giuste basi, sei pronto a proseguire il tuo viaggio verso un orto rigoglioso e ben curato.

Introduzione al Capitolo 3: Preparazione del terreno

La preparazione del terreno è uno dei passaggi più importanti e fondamentali per la realizzazione di un orto sano e produttivo. Un terreno ben lavorato rappresenta il cuore pulsante del tuo spazio coltivabile, un elemento vivo e dinamico che nutre e sostiene le piante in ogni fase della loro crescita. Questo capitolo ti guiderà attraverso le tecniche essenziali per preparare al meglio il suolo, ponendo solide basi per il tuo orto.

Quando parliamo di preparazione del terreno, ci riferiamo a un insieme di operazioni che vanno ben oltre la semplice vangatura o aratura. Si tratta di comprendere le caratteristiche del suolo, come la composizione, la struttura e il pH, e di adottare pratiche mirate per migliorarlo. Un terreno fertile e ben drenato è essenziale per garantire che le radici delle piante possano svilupparsi in modo ottimale, assorbendo i nutrienti necessari per una crescita rigogliosa. Ignorare questa fase significa rischiare di compromettere i raccolti futuri.

La prima fase della preparazione del terreno consiste nell'analizzare il suolo. È fondamentale conoscere il tipo di terreno con cui si ha a che fare, che può essere sabbioso, argilloso, limoso o una combinazione di questi. Ogni tipo di terreno presenta caratteristiche specifiche che influenzano la ritenzione idrica, il drenaggio e la capacità di trattenere i nutrienti. Per esempio, un terreno argilloso è ricco di minerali ma tende a compattarsi, mentre un terreno sabbioso drena rapidamente l'acqua, rendendo necessario un apporto costante di sostanze organiche.

Dopo aver compreso la natura del suolo, si passa alla lavorazione vera e propria. Questa include la rimozione delle erbacce, la vangatura o la fresatura per rompere le zolle e aerare il terreno, e l'aggiunta di materiali organici come compost, letame o humus per migliorare la fertilità. La lavorazione del terreno non solo aiuta a creare un ambiente più accogliente per le radici, ma favorisce anche lo sviluppo della microflora e della microfauna del suolo, elementi indispensabili per un ecosistema sano.

Un altro aspetto fondamentale della preparazione del terreno è il bilanciamento del pH. Un pH troppo acido o troppo alcalino può influenzare negativamente la capacità delle piante di assorbire i nutrienti. Con l'ausilio di semplici test, è possibile determinare il livello di acidità del suolo e intervenire con correttivi come calce o zolfo, a seconda delle necessità.

Infine, una buona preparazione del terreno include la pianificazione del drenaggio e la creazione di un sistema che eviti ristagni d'acqua, dannosi per molte colture. Il drenaggio può essere migliorato con l'aggiunta di sabbia o ghiaia nei terreni troppo compatti, o mediante la costruzione di aiuole rialzate per favorire lo scolo dell'acqua in eccesso.

In questo capitolo, esploreremo passo dopo passo le tecniche e i materiali necessari per trasformare il tuo terreno in un substrato fertile e produttivo. Imparerai come analizzare il suolo, come lavorarlo in modo efficace e come arricchirlo con sostanze nutritive essenziali. Una preparazione accurata non solo ti garantirà raccolti più abbondanti, ma renderà anche il tuo orto un luogo rigoglioso e sano, capace di sostenere le colture che desideri coltivare. Con le giuste conoscenze e un pizzico di dedizione, il tuo terreno diventerà la base solida su cui costruire un orto di successo.

3.1 L'importanza della vangatura e della lavorazione iniziale

La vangatura e la lavorazione iniziale del terreno sono operazioni fondamentali nella preparazione di un orto. Queste fasi non solo consentono di rompere le zolle di terra, ma sono anche essenziali per migliorare la struttura del suolo, favorire l'ossigenazione e favorire lo sviluppo sano delle radici delle piante. In questo sottocapitolo, esploreremo nel dettaglio perché la vangatura è così importante e come eseguire una lavorazione corretta e efficace del terreno.

Cos'è la vangatura e perché è necessaria?

La vangatura è l'operazione di ribaltare il terreno utilizzando un attrezzo specifico chiamato vanga. Essa consiste nell'interrompere la compattezza naturale del suolo, smuovendolo a una certa profondità. Il principale obiettivo della vangatura è quello di rompere la crosta superficiale del terreno e mescolare gli strati più profondi, migliorando così la sua aerazione e il drenaggio. Inoltre, aiuta a incorporare materiali organici come compost, letame o paglia che vengono aggiunti al suolo durante la preparazione.

La vangatura è particolarmente importante per i terreni argillosi o pesanti, che tendono a compattarsi facilmente, impedendo alle radici delle piante di svilupparsi correttamente. In questi casi, la lavorazione iniziale del terreno permette di rompere la compattezza del suolo, creando uno strato più morbido e permeabile. Nei terreni sabbiosi, dove il suolo può risultare troppo asciutto e povero di nutrienti, la vangatura consente di mescolare le sostanze organiche, migliorando la fertilità e la ritenzione idrica.

Quando vangare il terreno?

La tempistica della vangatura dipende dal tipo di suolo e dalle condizioni climatiche. Generalmente, la vangatura va effettuata prima della semina, in primavera o in autunno, quando il terreno non è troppo bagnato o troppo secco. Un suolo troppo umido risulta appiccicoso e difficile da lavorare, mentre un terreno troppo secco diventa troppo duro e richiede più fatica per essere smosso.
In primavera, è ideale vangare il terreno quando il suolo è abbastanza asciutto, ma ancora ricco di umidità residua dalla stagione invernale. Questo consente di migliorare la struttura del suolo e prepararlo per la semina. In autunno, invece, la vangatura serve a preparare il terreno per la coltivazione del prossimo anno, contribuendo a scomporre le sostanze organiche accumulate e a

rendere il suolo più fertile.

Come vangare correttamente il terreno?

La vangatura, pur essendo un'operazione piuttosto semplice, richiede una certa attenzione per essere eseguita correttamente. Ecco alcuni consigli su come procedere:

1. **Prepara il terreno:** Prima di vangare, è importante rimuovere le erbacce, le pietre e i detriti più grandi. In questo modo, eviterai di doverli gestire durante la lavorazione e otterrai un risultato più uniforme.

2. **Utilizza gli strumenti giusti:** La vanga è lo strumento tradizionale per questa operazione, ma puoi anche usare una forca da giardino o una zappa per sollevare il terreno e romperlo. Se hai un'area più grande da lavorare, puoi considerare l'uso di un motozappa o di una fresatrice da giardino, che ridurranno il tempo e lo sforzo necessari.

3. **Approccio metodico:** Inizia a vangare il terreno in righe parallele, facendo attenzione a non scavare troppo in profondità. Idealmente, dovresti lavorare il suolo a una profondità di circa 15-20 cm, a meno che non si tratti di un terreno particolarmente compatto, nel qual caso potresti dover scendere a una profondità maggiore.

4. **Sostanze organiche:** Durante la vangatura, è un buon momento per incorporare compost, letame ben maturo o altri materiali organici. Questi arricchiranno il terreno con nutrienti essenziali, migliorando la sua struttura e favorendo la crescita delle piante.

5. **Livellamento:** Dopo aver vangato, assicurati di livellare il terreno con un rastrello. Questo permetterà di creare una superficie uniforme per la semina e garantirà che l'acqua si distribuisca in modo omogeneo durante le irrigazioni.

I benefici della vangatura e della lavorazione iniziale

La vangatura e la lavorazione del terreno offrono numerosi benefici per l'orto. Ecco i principali:

1. **Miglioramento della struttura del suolo:**
   L'azione di smuovere il terreno favorisce la formazione di uno strato più morbido e friabile, che consente alle radici delle piante di penetrare facilmente nel suolo. Inoltre, si migliora la capacità di drenaggio, prevenendo il ristagno dell'acqua e l'accumulo di umidità.

2. **Aumento della fertilità:**
   Incorporando sostanze organiche nel terreno durante la vangatura, si migliora la qualità del suolo, aumentando la sua capacità di trattenere i nutrienti. Questo permette alle piante di accedere a una fonte continua di nutrimento, favorendo una crescita sana e rigogliosa.

3. **Aerazione del suolo:**
   La vangatura permette all'aria di penetrare nel terreno, favorendo l'attività dei microrganismi del suolo, che sono essenziali per la decomposizione della materia organica e per la produzione di humus. Questo aiuta anche a prevenire la compattazione del terreno, che può ostacolare il corretto sviluppo delle radici.

4. **Controllo delle erbacce:**
   Durante la vangatura, le radici delle erbacce vengono rimosse o danneggiate, riducendo la competizione per i nutrienti e favorendo la crescita delle colture desiderate.

La vangatura e la lavorazione iniziale del terreno sono operazioni cruciali per creare un ambiente fertile e favorevole alla crescita delle piante. Prendersi il tempo necessario per eseguire queste fasi in modo accurato garantirà un orto più sano e produttivo. Sia che tu stia lavorando con un piccolo giardino o con un'area più grande, l'attenzione ai dettagli in questa fase fondamentale rappresenta la chiave per il successo dell'intero progetto orticolo.

3.2 Concimazione e fertilizzanti naturali

La concimazione è una delle pratiche agricole più importanti per garantire che le piante crescano forti, sane e produttive. Quando si parla di concimazione naturale, l'obiettivo è fornire al terreno i nutrienti necessari per sostenere la vita vegetale, senza ricorrere a sostanze chimiche che potrebbero compromettere la salute del suolo e degli ecosistemi circostanti. In questo sottocapitolo esploreremo come utilizzare i fertilizzanti naturali per arricchire il terreno, migliorando la sua fertilità in modo sostenibile e rispettoso dell'ambiente.

Cos'è la concimazione naturale?

La concimazione naturale è un approccio che si basa sull'utilizzo di risorse biologiche, come compost, letame, o estratti vegetali, per arricchire il suolo di nutrienti essenziali. A differenza dei fertilizzanti chimici, che spesso agiscono rapidamente ma senza migliorare la struttura del suolo, i fertilizzanti naturali contribuiscono a rafforzare l'ecosistema del terreno, arricchendolo di materia organica, microrganismi benefici e minerali. Questo approccio è particolarmente indicato per chi vuole coltivare un orto sano e sostenibile, mantenendo alta la qualità del suolo e delle coltivazioni nel lungo periodo.

Perché usare fertilizzanti naturali?

I fertilizzanti naturali presentano numerosi vantaggi rispetto a quelli chimici, soprattutto in un contesto di orticoltura biologica:

1. **Miglioramento della struttura del suolo:**
   I fertilizzanti naturali, come il compost e il letame, arricchiscono il suolo di materia organica, che a sua volta migliora la struttura del terreno. Questi materiali favoriscono la formazione di humus, migliorando la capacità di ritenzione dell'acqua, aumentando la friabilità e la permeabilità del suolo, e prevenendo la compattazione.

2. **Sostenibilità e rispetto per l'ambiente:**
Utilizzare fertilizzanti naturali significa ridurre l'impatto ambientale della coltivazione. I fertilizzanti chimici, infatti, possono inquinare le acque sotterranee e alterare la biodiversità del suolo. Al contrario, i fertilizzanti naturali sono biodegradabili e contribuiscono a mantenere un equilibrio ecologico.

3. **Miglioramento della salute delle piante:**
Le piante alimentate con fertilizzanti naturali tendono ad essere più robuste, resistenti alle malattie e ai parassiti. Questo accade perché i nutrienti vengono rilasciati lentamente, dando alle radici il tempo di assorbirli in modo equilibrato, evitando l'eccessiva crescita vegetativa che può predisporre a squilibri e malattie.

4. **Rispettano i principi dell'agricoltura biologica:**
L'utilizzo di fertilizzanti naturali è essenziale per chi desidera praticare l'agricoltura biologica, che pone al centro la salubrità dei prodotti, la protezione della biodiversità e la tutela del suolo. I fertilizzanti naturali sono compatibili con le normative sull'agricoltura biologica, che vietano l'uso di sostanze chimiche sintetiche.

I principali fertilizzanti naturali

Esistono diversi tipi di fertilizzanti naturali che possono essere utilizzati per arricchire il terreno. Ecco i più comuni:

Compost: Il compost è uno dei fertilizzanti naturali più diffusi e facili da produrre. Si ottiene dalla decomposizione di materiale organico, come scarti di cucina, foglie secche, erba tagliata, e residui di potatura. Il compost è ricco di nutrienti essenziali per le piante, come azoto, fosforo, potassio e micronutrienti, e migliora notevolmente la struttura del suolo. Può essere utilizzato in qualsiasi momento dell'anno, soprattutto durante la preparazione del terreno o come pacciamatura.

Letame: Il letame, in particolare quello di animali erbivori come mucche, cavalli o conigli, è un fertilizzante molto ricco di nutrienti. Il letame contiene una buona quantità di azoto, fosforo e potassio, ma deve essere utilizzato con attenzione, soprattutto se fresco, poiché potrebbe bruciare le radici delle piante. È consigliabile utilizzare letame ben maturo, che ha già subito un processo di decomposizione e non è più così concentrato. Il letame si applica al terreno prima della semina o durante la preparazione del letto di semina.

Concimi verdi: I concimi verdi sono piante che vengono coltivate appositamente per essere incorporate nel terreno. Queste piante, come il trifoglio, la senape o la facelia, vengono seminate e crescono rapidamente, arricchendo il suolo con azoto e altre sostanze nutritive. Una volta che raggiungono la maturità, vengono interrate nel terreno, dove decompongono la loro massa vegetale, rilasciando nutrienti vitali per le piante future.

Farina di ossa: La farina di ossa è un fertilizzante ricco di fosforo, fondamentale per lo sviluppo delle radici e la fioritura delle piante. Viene prodotta tramite la macinazione delle ossa di animali e viene utilizzata per migliorare la crescita delle piante da frutto e per favorire l'emissione di radici robuste. La farina di ossa agisce lentamente, rilasciando fosforo nel terreno nel corso del tempo.

Humus di lombrico: L'humus di lombrico è il prodotto della decomposizione di materia organica effettuata dai lombrichi. È un fertilizzante particolarmente ricco di sostanze nutritive e microrganismi benefici che migliorano la qualità del suolo. L'humus di lombrico può essere utilizzato per arricchire il compost o applicato direttamente al terreno come miglioratore organico.

Tè di compost: Il tè di compost è un liquido ricco di nutrienti che si ottiene facendo macerare compost ben maturo in acqua per alcuni giorni. Questo "estratto" può essere utilizzato come fertilizzante liquido per irrigare le piante, fornendo loro una fonte immediata di nutrimento e favorendo la crescita di microrganismi benefici nel terreno.

Quando e come concimare?

La concimazione naturale va effettuata in base alle esigenze specifiche del terreno e delle piante che si intendono coltivare. Ecco alcuni consigli generali:

- **Durante la preparazione del terreno:**
  Aggiungere compost o letame al terreno prima di lavorarlo favorisce una distribuzione uniforme dei nutrienti e migliora la struttura del suolo.

- **Durante la crescita delle piante:**
  I concimi naturali a rilascio lento, come il compost e il letame maturo, possono essere distribuiti attorno alle piante durante la crescita per fornire un apporto costante di nutrienti.

- **Concimazione liquida:**
  I fertilizzanti liquidi come il tè di compost possono essere utilizzati per stimolare la crescita in fase di sviluppo, specialmente nelle piante che richiedono una maggiore quantità di nutrimento, come quelle a frutto.

L'uso di fertilizzanti naturali è un passo fondamentale per creare un orto sano e sostenibile. Questi prodotti, a differenza dei fertilizzanti chimici, non solo forniscono nutrienti alle piante, ma migliorano anche la struttura e la biodiversità del suolo. Conoscere i vari tipi di fertilizzanti naturali e come utilizzarli correttamente ti permetterà di ottenere coltivazioni abbondanti e di alta qualità, rispettando l'ambiente e promuovendo la salute a lungo termine del tuo orto.

3.3 Gestione delle erbe infestanti

Le erbe infestanti, o piante concorrenti, rappresentano una delle sfide più comuni per chi coltiva un orto. Sebbene alcune di esse possano sembrare innocue, la loro presenza incontrollata può compromettere la crescita delle piante desiderate, sottraendo loro luce, acqua e nutrienti essenziali.

Una gestione efficace delle erbe infestanti è fondamentale per garantire la produttività dell'orto e la salute delle coltivazioni. In questo sottocapitolo, esploreremo le strategie più efficaci per combattere le infestanti in modo naturale e sostenibile, mantenendo al contempo l'equilibrio dell'ecosistema del tuo orto.

Cos'è un'erba infestante e perché è pericolosa?

Un'erba infestante è una pianta che cresce in modo aggressivo e non desiderato, occupando lo spazio destinato ad altre coltivazioni. Queste piante si distinguono per la loro capacità di germinare, crescere e diffondersi rapidamente, spesso in modo incontrollabile. Le erbe infestanti possono essere annuali o perenni, e se non vengono controllate adeguatamente, possono colonizzare l'orto, competendo con le piante coltivate per luce, acqua, spazio e nutrienti.

Inoltre, alcune erbe infestanti ospitano parassiti e malattie che possono danneggiare le colture, creando ulteriori problemi per il giardiniere. Alcuni esempi comuni di erbe infestanti includono il tarassaco, la gramigna, l'ortica, l'euforbia e il prezzemolo selvatico.

Strategie naturali per il controllo delle erbe infestanti

Esistono diversi metodi naturali per controllare la crescita delle erbe infestanti senza ricorrere a pesticidi o diserbanti chimici, che potrebbero danneggiare il suolo e le colture. Vediamo le principali tecniche che puoi applicare nel tuo orto.

Pacciamatura:

Una delle soluzioni più efficaci per combattere le infestanti è la pacciamatura, che consiste nell'applicare uno strato di materiale organico (come paglia, foglie secche, trucioli di legno o compost) sulla superficie del terreno. La pacciamatura ha numerosi vantaggi:

- **Prevenzione della germinazione delle erbe infestanti:**
  Lo strato di pacciamatura impedisce alla luce di raggiungere il suolo, limitando la germinazione dei semi delle erbe infestanti. In questo modo, si riduce la crescita di nuove piante indesiderate.

- **Ritenzione idrica:**
  La pacciamatura aiuta a trattenere l'umidità nel terreno, riducendo la necessità di irrigazione frequente e creando un ambiente più favorevole alle piante coltivate.

- **Miglioramento della struttura del suolo:**
  Con il tempo, i materiali organici della pacciamatura si decompongono, arricchendo il terreno con sostanze nutritive e migliorandone la struttura.

- **Estirpare manualmente le infestanti:**

Un metodo tradizionale ma molto efficace per tenere sotto controllo le erbe infestanti è l'estirpazione manuale. Si tratta di rimuovere le piante infestanti alla radice, impedendo loro di rigermogliare. La rimozione deve essere fatta regolarmente, soprattutto nei periodi di crescita attiva delle infestanti, per evitare che esse si diffondano troppo.

Per facilitare questa operazione, è possibile utilizzare strumenti come una zappa, una forca o una paletta per allentare il terreno attorno alle radici. Quando si estirpano le infestanti, è fondamentale non lasciare frammenti di radici nel terreno, poiché alcune piante infestanti, come il tarassaco e la gramigna, possono rigenerarsi facilmente da una piccola parte della radice.

Sarchiatura:

La sarchiatura è un'altra tecnica molto utile per controllare le erbe infestanti, soprattutto nei terreni coltivati con piante giovani. Consiste nel lavorare la superficie del terreno per rompere le radici delle infestanti e impedire che si sviluppino. La sarchiatura può essere effettuata con attrezzi manuali o con un motozappa, a seconda delle dimensioni dell'orto.

Questa tecnica è particolarmente utile quando le piante infestanti sono ancora piccole, poiché permette di eliminarle senza disturbare le radici delle colture principali. Inoltre, la sarchiatura migliora l'aerazione del suolo e facilita l'assorbimento dei nutrienti da parte delle piante desiderate.

Rotazione delle colture:

Un'altra strategia importante per prevenire la proliferazione delle erbe infestanti è la rotazione delle colture. Cambiare annualmente il posto in cui coltivi le stesse piante aiuta a ridurre la competizione tra le colture e le infestanti, e limita la proliferazione di piante che si adattano a particolari condizioni del terreno.

Ad esempio, piante come i legumi (fagioli, piselli) arricchiscono il terreno di azoto, creando un ambiente meno favorevole per le infestanti che prosperano in suoli poveri di azoto. Utilizzare una rotazione ben pianificata permette anche di ridurre l'accumulo di semi di infestanti nel suolo, poiché queste piante non troveranno un ambiente favorevole in ogni stagione.

Cover crops (colture di copertura):
Le colture di copertura, come il trifoglio o la senape, sono piante che vengono seminate nel periodo in cui non si coltivano ortaggi. Queste piante non solo proteggono il terreno dall'erosione e migliorano la qualità del suolo, ma competono anche con le erbe infestanti per luce, acqua e nutrienti, riducendo così la loro crescita.

Le colture di copertura possono essere sminuzzate e interrate nel terreno (concime verde) o semplicemente lasciate crescere come barriera contro le infestanti.

Utilizzo di soluzioni naturali:
Infine, esistono alcune soluzioni naturali che puoi preparare in casa per combattere le infestanti. Un esempio è l'utilizzo di aceto bianco, che può essere spruzzato sulle erbe infestanti. L'acido dell'aceto decompone la membrana cellulare delle piante, distruggendo le radici e prevenendo la crescita. Tuttavia, l'aceto è non selettivo e può danneggiare anche le piante desiderate, quindi va utilizzato con cautela.

Prevenzione e manutenzione regolare
Una delle chiavi per mantenere un orto libero da erbe infestanti è la prevenzione. Adottare pratiche di gestione del terreno come la pacciamatura, la sarchiatura e l'uso di colture di copertura riduce significativamente il bisogno di interventi più invasivi e mantiene il tuo orto sano nel lungo periodo. Inoltre, una buona manutenzione regolare, con la rimozione tempestiva delle infestanti, è essenziale per evitare che esse diventino un problema.

La gestione delle erbe infestanti è una parte fondamentale della cura di un orto. Sebbene queste piante possano sembrare una sfida, con le giuste tecniche e una gestione oculata, è possibile mantenerle sotto controllo senza ricorrere a metodi chimici dannosi. Adottando soluzioni naturali e pratiche agricole sostenibili, non solo garantirai un ambiente sano per le tue piante, ma contribuirai anche alla protezione dell'ecosistema del tuo orto.

Conclusione del Capitolo 3: Preparazione del terreno
La preparazione del terreno è una delle fasi fondamentali nella creazione di un orto sano e produttivo. Come abbiamo visto, il suolo è il cuore di ogni coltivazione: senza un terreno ben preparato, che sia ricco di nutrienti e ben strutturato, anche le piante più resistenti fatischeranno a crescere e a dare frutti. Attraverso una serie di operazioni che vanno dalla vangatura alla concimazione, dalla gestione delle erbe infestanti alla creazione di un ambiente fertile, ogni intervento contribuisce a favorire una crescita armoniosa e abbondante.

Innanzitutto, la vangatura e la lavorazione iniziale del terreno sono essenziali per allentare la terra e permettere alle radici delle piante di penetrare facilmente. Questo processo facilita anche l'ingresso di aria nel terreno, migliorando la circolazione dell'ossigeno e favorendo l'attività dei microrganismi benefici. La scelta dei fertilizzanti naturali, come compost, letame e concimi verdi, arricchisce il suolo di nutrienti vitali e migliora la sua struttura, promuovendo una crescita equilibrata delle coltivazioni e aumentando la resistenza a malattie e parassiti.

La gestione delle erbe infestanti, inoltre, è un elemento cruciale nella preparazione del terreno. Le infestanti, se non controllate, possono competere con le piante per risorse vitali, limitando la loro capacità di crescere e fruttificare. L'adozione di tecniche naturali come la pacciamatura, la sarchiatura e l'uso di colture di copertura consente di mantenere il terreno libero da infestanti in modo ecologico e sostenibile, riducendo il bisogno di interventi chimici.

Infine, la concimazione e il trattamento del suolo devono essere considerati come un investimento a lungo termine. Un terreno ben preparato e ben gestito non solo offrirà buoni raccolti, ma manterrà anche la sua fertilità e produttività nel tempo, garantendo una coltivazione sostenibile per le stagioni a venire.

In sintesi, la preparazione del terreno non è solo una questione di lavoro fisico, ma una vera e propria pianificazione strategica che influisce direttamente sulla salute delle piante, sulla qualità del raccolto e sulla sostenibilità dell'intero ecosistema dell'orto. Con un terreno ben preparato, ogni seme ha maggiori possibilità di diventare una pianta forte e produttiva, pronta a donarti frutti sani e ricchi di sapore.

Introduzione al Capitolo 4: Le colture più facili per iniziare

Uno degli aspetti più affascinanti dell'avviare un orto è la varietà di piante che si possono coltivare. Tuttavia, per chi è alle prime armi, è fondamentale partire con coltivazioni che siano semplici da gestire, veloci da crescere e che richiedano poche competenze tecniche. In questo capitolo, esploreremo le colture più facili e gratificanti per chi desidera iniziare il proprio viaggio nel mondo dell'orticoltura.

Scegliere le piante giuste per l'inizio è un passo cruciale, non solo perché aiuta a comprendere meglio le dinamiche del giardinaggio, ma anche per rafforzare la fiducia nell'arte della coltivazione. Alcune piante sono particolarmente adatte ai principianti, poiché crescono velocemente, sono resistenti e non richiedono particolari cure. Conosciute per la loro robustezza, queste colture consentono di ottenere buoni raccolti anche in condizioni non perfette e permettono di acquisire esperienza gradualmente, senza il rischio di frustrazione.

Le piante che esploreremo in questo capitolo includono ortaggi come lattuga, spinaci, ravanelli, zucchine, pomodori, carote e cipolle. Ognuna di queste colture è caratterizzata da un ciclo di crescita relativamente semplice e una rapida resa, che rende più facile per i principianti vedere i risultati del loro lavoro e godere dei frutti del proprio impegno. Queste colture sono inoltre molto versatili e possono essere coltivate in diversi tipi di terreno e con vari metodi di coltivazione, anche in spazi ridotti come balconi o terrazzi.

Ma cosa rende una coltura "facile"? In questo capitolo, analizzeremo le caratteristiche specifiche di queste piante, dai tempi di semina alla raccolta, passando per la gestione delle risorse come acqua e luce. Scopriremo quali sono le condizioni ideali di crescita, le pratiche di cura e i problemi più comuni da affrontare. Così facendo, potrai scegliere con maggiore consapevolezza le colture più adatte a te e al tuo orto, rendendo il tuo percorso di giardinaggio più semplice e soddisfacente.

Inoltre, coltivare queste piante ti darà l'opportunità di imparare le basi del giardinaggio, creando una solida base di conoscenze per affrontare coltivazioni più complesse in futuro. Allora, prendi in mano il tuo attrezzo da giardino e preparati a scoprire quali colture renderanno il tuo orto un luogo di crescita e soddisfazione.

4.1 Insalate, ravanelli e spinaci: i tuoi primi raccolti

Quando si inizia a coltivare un orto, scegliere piante che crescono velocemente e che richiedono poche attenzioni è un passo fondamentale per guadagnare fiducia e fare esperienza. Le insalate, i ravanelli e gli spinaci sono tra le colture più adatte a chi inizia, poiché sono facili da gestire, crescono rapidamente e permettono di ottenere i primi raccolti in tempi brevi. In questo sottocapitolo, esploreremo in dettaglio come coltivare queste piante, dai metodi di semina alle tecniche di cura, fino ai tempi di raccolta.

Insalate (Lattuga e altre varietà)

Le insalate sono una delle prime colture che i giardinieri principianti dovrebbero considerare. Le varietà più comuni includono la lattuga, la rucola, il radicchio e la cicoria. Queste piante sono ideali per l'orto, in quanto non solo sono facili da coltivare, ma crescono anche velocemente, dando soddisfazione in tempi brevi.

Semina e crescita: La lattuga e le altre insalate possono essere seminate direttamente in campo, preferibilmente in primavera o in autunno, quando le temperature sono miti. È consigliabile piantare i semi a una profondità di 1-2 cm, lasciando spazio tra una pianta e l'altra per favorire una buona circolazione dell'aria. Le insalate germinano rapidamente, in genere entro 7-10 giorni, e richiedono una buona esposizione al sole, ma con ombreggiature leggere nelle ore più calde, per evitare che le foglie diventino amare.

Cura e raccolto: Le insalate preferiscono terreni freschi, ben drenati e ricchi di materia organica. È importante mantenere il terreno umido, ma non inzuppato, soprattutto nei periodi più caldi, per evitare che le piante si secchino o che sviluppino malattie. La pacciamatura può essere utile per conservare l'umidità e tenere lontane le infestanti. La raccolta delle insalate avviene generalmente dopo 6-8 settimane dalla semina, a seconda delle varietà. È possibile raccogliere le foglie esterne o, se si preferisce, l'intera pianta, sempre tagliandola alla base.

Problemi comuni: Le insalate possono essere sensibili a parassiti come le lumache, che rosicchiano le foglie. È quindi utile installare trappole o utilizzare rimedi naturali per tenerle lontane, come il posizionamento di gusci di uovo triturati attorno alle piante. Inoltre, se la lattuga cresce troppo in fretta o sotto sole diretto senza ombra, potrebbe diventare amara. Per evitare questo, è importante scegliere varietà resistenti al caldo e adottare tecniche di semina a intervalli per prolungare la stagione di raccolto.

Ravanelli (Raphanus sativus)

I ravanelli sono una delle piante più facili da coltivare, perfetti per chi è alle prime armi. Crescono rapidamente, in soli 4-6 settimane, e sono ideali per iniziare a familiarizzare con la gestione del terreno e le tecniche di semina.

Semina e crescita: I ravanelli si seminano direttamente in terra, preferibilmente in primavera o in autunno, su un terreno ben preparato e leggero. Si consiglia di piantare i semi a circa 1-2 cm di profondità, distanziandoli di 2-3 cm l'uno dall'altro. La distanza tra le righe dovrebbe essere di circa 15-20 cm, poiché i ravanelli crescono in modo compatto, ma necessitano di spazio per sviluppare radici sane. I ravanelli preferiscono un'esposizione al sole diretto o parziale e un terreno fresco e ben drenato.

Cura e raccolto: La cura dei ravanelli è minima, ma è fondamentale mantenere il terreno umido, soprattutto durante i periodi più caldi. L'irrigazione regolare è importante, ma bisogna evitare i ristagni idrici che possono portare a marciumi radicali. I ravanelli possono essere raccolti in circa 4-6 settimane, quando le radici sono di dimensioni adeguate. Basta tirare delicatamente la pianta dalla base per estrarre il ravanello dal terreno.

Problemi comuni: I ravanelli sono piante robuste, ma possono essere sensibili alle temperature elevate, che ne compromettono il sapore e la consistenza. Se le temperature salgono troppo, le piante potrebbero diventare legnose o amare. Per evitare ciò, è consigliabile piantare i ravanelli in primavera o in autunno, quando il clima è più fresco. Inoltre, se si piantano troppo densi, i ravanelli potrebbero crescere deformati o non svilupparsi correttamente. Per questo motivo, è importante rispettare la distanza consigliata tra le piante.

Spinaci (Spinacia oleracea)

Gli spinaci sono una coltura che cresce velocemente, ideale per gli ortisti principianti. Sono ricchi di nutrienti e si adattano facilmente a diversi tipi di terreno e condizioni climatiche, anche se preferiscono climi freschi.

Semina e crescita: Gli spinaci si seminano direttamente nel terreno, in primavera o in autunno, quando le temperature sono più fresche. I semi vanno piantati a una profondità di 1-2 cm, con una distanza di 5-10 cm tra una pianta e l'altra. Gli spinaci preferiscono terreni fertili e ben drenati, ma sono abbastanza adattabili. Se coltivati in condizioni ottimali, germineranno rapidamente, in circa 7-14 giorni.

Cura e raccolto: Gli spinaci necessitano di irrigazioni regolari per mantenere il terreno umido, ma non inzuppato. La pacciamatura è utile per proteggere le radici e ridurre la crescita delle infestanti. La raccolta avviene generalmente in 6-8 settimane, quando le foglie sono giovani e tenere. Si possono raccogliere foglia per foglia o, se si preferisce, si può tagliare l'intera pianta.

Problemi comuni: Gli spinaci possono essere soggetti a parassiti come afidi e mosche bianche, che si nutrono delle foglie. Per prevenire questo, si possono utilizzare trappole adesive o soluzioni naturali come l'olio di neem. Inoltre, gli spinaci tendono a diventare amari e a fiorire (o "andare a seme") rapidamente se esposti a temperature troppo calde. Per evitare ciò, è meglio piantarli in primavera o in autunno, in modo da sfruttare i periodi di temperature più fresche.

Conclusioni

Le insalate, i ravanelli e gli spinaci sono colture perfette per iniziare a coltivare il proprio orto, grazie alla loro facilità di gestione, crescita rapida e resistenza. Offrono risultati quasi immediati, il che aiuta a costruire la fiducia e l'esperienza necessarie per affrontare coltivazioni più complesse. Inoltre, la loro versatilità e il loro valore nutrizionale li rendono un'aggiunta ideale a qualsiasi orto. Con poche e semplici cure, questi ortaggi possono essere una fonte di soddisfazione continua e gratificante, dandoti non solo la possibilità di raccogliere i frutti del tuo lavoro, ma anche di imparare e perfezionare le tue tecniche di coltivazione.

4.2 Pomodori, zucchine e peperoni: ortaggi produttivi

Pomodori, zucchine e peperoni sono tra gli ortaggi più amati e coltivati nelle case degli ortisti di tutto il mondo. Questi vegetali sono non solo fondamentali per arricchire la nostra dieta con sapori freschi e nutrienti, ma sono anche estremamente produttivi e soddisfacenti da coltivare, specialmente per chi desidera passare a colture un po' più complesse rispetto agli ortaggi da foglia. In questo sottocapitolo, esamineremo come coltivare pomodori, zucchine e peperoni, partendo dalla semina, passando per la cura e finendo con la raccolta.

Pomodori (Solanum lycopersicum)

I pomodori sono senza dubbio uno degli ortaggi più popolari e gratificanti da coltivare. Con il giusto clima e le giuste condizioni, una pianta di pomodoro può produrre una grande quantità di frutti, dal sapore intenso e ricco, perfetti per insalate, salse e molto altro.

Semina e crescita: I pomodori richiedono una stagione di crescita calda, quindi è importante seminare i semi al chiuso in un ambiente controllato, circa 6-8 settimane prima dell'ultima gelata prevista nella tua zona. I semi vanno piantati in piccoli contenitori, a una profondità di circa 1 cm, e devono essere mantenuti in un ambiente caldo e ben illuminato, idealmente tra i 18 e i 24 gradi Celsius. Una volta che le piantine sono cresciute e superato il rischio di gelate, possono essere trapiantate all'aperto.

I pomodori prediligono terreni ben drenati e ricchi di nutrienti, preferibilmente un pH tra 6,0 e 6,8. È importante scegliere un luogo soleggiato, poiché i pomodori hanno bisogno di almeno 6-8 ore di sole diretto al giorno per crescere sani e vigorosi.

Cura e raccolto: Durante la crescita, i pomodori necessitano di un'irrigazione regolare, ma senza esagerare, poiché un eccesso d'acqua può causare marciumi radicali e malattie fungine. È fondamentale irrigare alla base delle piante, evitando di bagnare le foglie, per prevenire problemi come la peronospora. Inoltre, è importante sostenere le piante di pomodoro con dei tutori, gabbie o pali, per evitare che i frutti tocchino il terreno e per migliorare la circolazione dell'aria.

I pomodori possono essere raccolti quando sono completamente maturi, generalmente dopo 2-3 mesi dalla piantagione, a seconda della varietà. È fondamentale raccogliere i frutti al giusto stadio di maturazione per garantire il miglior sapore e la consistenza.

Problemi comuni: I pomodori sono vulnerabili a malattie come la peronospora, l'oidio e il marciume apicale. È importante monitorare regolarmente le piante per eventuali segni di malattia e rimuovere le foglie infette. Inoltre, la concimazione con fertilizzanti naturali è essenziale per supportare la crescita sana della pianta, soprattutto nelle fasi iniziali. Evita l'eccesso di azoto, che può favorire una crescita vegetativa eccessiva a discapito dei frutti.

Zucchine (Cucurbita pepo)

Le zucchine sono ortaggi facili da coltivare e molto produttivi. Con il loro sapore delicato e la loro versatilità in cucina, sono una delle scelte preferite per chi desidera un orto ricco di ortaggi freschi e sani. Inoltre, le zucchine sono piante che crescono velocemente e continuano a produrre frutti per tutta la stagione calda.

Semina e crescita: Le zucchine possono essere seminate direttamente in campo, ma se desideri anticipare la raccolta, puoi anche iniziare la semina in contenitori protetti circa 3-4 settimane prima dell'ultima gelata. Le zucchine richiedono un terreno ben drenato, ricco di materia organica, e una buona esposizione al sole. Semina i semi a una profondità di 2-3 cm, lasciando spazio di almeno 60 cm tra una pianta e l'altra, poiché le zucchine tendono a espandersi molto durante la crescita.

Cura e raccolto: Le zucchine sono piante molto resistenti, ma necessitano comunque di irrigazioni regolari, soprattutto durante i periodi di fioritura e fruttificazione. Un'adeguata pacciamatura può essere utile per mantenere l'umidità e proteggere le radici dal calore eccessivo. Le zucchine sono molto sensibili alla carenza di azoto, quindi è bene concimarle frequentemente con fertilizzanti naturali come compost o letame ben maturo.
Il raccolto avviene in genere 6-8 settimane dopo la semina, quando i frutti sono giovani, freschi e di dimensioni medio-piccole. Se non raccolti in tempo, possono crescere eccessivamente e diventare duri e fibrosi.

Problemi comuni: Le zucchine possono essere soggette a parassiti come afidi, tripidi e lumache, che possono danneggiare le foglie e i frutti. È utile adottare metodi di prevenzione come il ricorso a trappole, reti protettive o trattamenti naturali come l'olio di neem. Inoltre, la botrite (marciume grigio) è una malattia fungina che può colpire le zucchine in ambienti umidi. È importante assicurarsi che le piante abbiano una buona circolazione dell'aria e rimuovere rapidamente le foglie o i frutti danneggiati.

Peperoni (Capsicum annuum)

I peperoni sono piante calde che richiedono cure particolari, ma che possono offrire abbondanti raccolti di frutti gustosi e colorati. Che siano dolci o piccanti, i peperoni sono un'aggiunta eccellente a qualsiasi orto.

Semina e crescita:
Come per i pomodori, i peperoni necessitano di un clima caldo e di una lunga stagione di crescita. È consigliabile iniziare i semi al chiuso 8-10 settimane prima dell'ultima gelata, piantandoli a una profondità di circa 1 cm in vasi o contenitori. Una volta che le piantine sono pronte per essere trapiantate, si devono posizionare in un terreno ben drenato, ricco di sostanze nutritive, e in un luogo soleggiato.

Cura e raccolto:
I peperoni richiedono una buona quantità di calore e luce per crescere bene, quindi è essenziale mantenerli in un ambiente caldo (almeno 20-25°C) e soleggiato. Le piante di peperone necessitano di irrigazioni regolari, ma è importante evitare i ristagni idrici. Come per i pomodori, è utile supportare le piante con tutori per mantenere i frutti sollevati dal terreno.
Il raccolto avviene generalmente 2-3 mesi dopo il trapianto, quando i frutti sono completamente sviluppati e hanno raggiunto il colore desiderato, che può variare a seconda della varietà (dal verde al rosso, giallo o arancione). Si raccolgono tagliando il frutto con un coltello o forbici, facendo attenzione a non danneggiare la pianta.

Problemi comuni:
I peperoni sono vulnerabili a parassiti come afidi e mosche bianche, ma anche a malattie fungine come la peronospora. Per prevenire questi problemi, è importante mantenere una buona ventilazione tra le piante e rimuovere tempestivamente le foglie danneggiate. Inoltre, come nel caso dei pomodori, una concimazione bilanciata è fondamentale per evitare problemi di crescita e per garantire un buon raccolto.

Conclusioni

Pomodori, zucchine e peperoni sono ortaggi molto produttivi, che possono arricchire il tuo orto di sapori freschi e variegati. Anche se richiedono maggiore attenzione rispetto agli ortaggi da foglia, la loro facilità di gestione e la ricchezza dei raccolti ripagano ampiamente l'impegno. Queste piante sono un passo importante per ogni ortista principiante che desideri evolvere nel proprio percorso di coltivazione, imparando a gestire ortaggi che crescono in modo vigoroso e che regalano una soddisfazione immediata. Con le giuste cure, il risultato sarà un orto rigoglioso e produttivo, ricco di frutti deliziosi che potrete gustare con orgoglio.

4.3 Aromatiche: basilico, prezzemolo e rosmarino

Le piante aromatiche sono una delle scelte migliori per chi inizia a coltivare il proprio orto. Facili da coltivare, poco esigenti e ricche di profumi e sapori, le aromatiche arricchiscono non solo la cucina ma anche l'ambiente in cui vengono coltivate, grazie ai loro aromi intensi e al loro aspetto decorativo. In questo sottocapitolo, esploreremo come coltivare tre delle aromatiche più popolari e utilizzate in cucina: basilico, prezzemolo e rosmarino.

Basilico (Ocimum basilicum)

Il basilico è una delle piante aromatiche più amate e coltivate nel mondo. Il suo profumo fresco e il suo sapore delicato lo rendono perfetto per arricchire piatti estivi come insalate, pasta, pesto e molto altro. Il basilico è una pianta annuale che cresce velocemente e ha bisogno di sole e calore per prosperare.

Semina e crescita:
Il basilico predilige un clima caldo e soleggiato, con temperature comprese tra i 20 e i 30°C. Si può seminare direttamente in giardino o in vaso, ma spesso è preferibile iniziare i semi in semenzaio, 6-8 settimane prima dell'ultima gelata. I semi vanno piantati a una profondità di circa 0,5 cm e devono essere mantenuti in un ambiente caldo e luminoso. Una volta che le piantine hanno raggiunto circa 10-15 cm di altezza, possono essere trapiantate all'aperto, scegliendo un terreno ben drenato, ricco di sostanza organica.

Cura e raccolto:
Il basilico ha bisogno di frequenti irrigazioni, soprattutto nei periodi caldi e secchi, ma è fondamentale evitare ristagni idrici. Una buona pacciamatura può aiutare a mantenere l'umidità nel terreno e proteggere le radici. È importante raccogliere regolarmente le foglie per stimolare la crescita e prevenire la fioritura precoce, che potrebbe ridurre la qualità delle foglie stesse.
Il raccolto del basilico avviene generalmente quando le foglie sono ben sviluppate. Si raccolgono tagliando le sommità delle piante, lasciando alcune foglie per favorire la rigenerazione della pianta. Il basilico può essere conservato fresco o essiccato, ma il suo sapore è più intenso se utilizzato subito dopo la raccolta.

Problemi comuni:
Il basilico è vulnerabile a malattie fungine come la peronospora e la muffa grigia, che possono colpire le foglie, soprattutto in ambienti umidi. Per prevenire queste malattie, è importante evitare di bagnare le foglie durante l'irrigazione e mantenere una buona circolazione dell'aria tra le piante. Il basilico può anche essere attaccato da parassiti come afidi e mosche bianche. Un controllo regolare e l'uso di metodi naturali di difesa, come l'olio di neem o l'introduzione di insetti utili, possono aiutare a tenere sotto controllo questi problemi.

Prezzemolo (Petroselinum crispum)

Il prezzemolo è un'altra pianta aromatiche estremamente versatile, utilizzata in innumerevoli piatti per aggiungere freschezza e colore. Esistono due varietà principali: il prezzemolo riccio e quello liscio, entrambe molto apprezzate per il loro sapore delicato.

Semina e crescita:
Il prezzemolo è una pianta biennale, ma viene coltivato come annuale, poiché tende a fiorire e a seme alla seconda stagione di crescita. Può essere seminato direttamente in giardino o in contenitori, ma essendo un seme che tende a germinare lentamente, è consigliato ammollare i semi in acqua per 12-24 ore prima della semina per favorire la germinazione. Il prezzemolo predilige un terreno fertile, ben drenato e leggermente alcalino, con una posizione semi-ombreggiata.
Il prezzemolo può essere coltivato anche in vasi, il che lo rende ideale per gli orti in balcone o terrazzo. Durante la crescita, è importante mantenere il terreno costantemente umido ma non

inzuppato, poiché l'eccesso di acqua può causare il marciume delle radici.

Cura e raccolto: Una volta che le piante di prezzemolo sono cresciute e raggiungono una buona altezza, possono essere raccolte. Si consiglia di tagliare le foglie esterne per stimolare la crescita delle foglie centrali, più giovani e tenere. Poiché il prezzemolo è una pianta che produce foglie in modo continuo, è possibile raccoglierlo più volte durante la stagione.
Il prezzemolo fresco può essere conservato in frigorifero o essiccato per un utilizzo successivo.

Problemi comuni: Il prezzemolo è suscettibile a malattie fungine, come la muffa grigia, che può causare la marcescenza delle foglie. Inoltre, è sensibile agli afidi, che possono danneggiare le piante. Per evitare questi problemi, è utile piantare il prezzemolo in un terreno ben drenato e evitare di bagnare le foglie. L'uso di composti naturali come l'olio di neem può aiutare a mantenere lontani i parassiti.

Rosmarino (Rosmarinus officinalis)

Il rosmarino è una pianta perenne che, sebbene richieda un po' più di pazienza rispetto al basilico o al prezzemolo, offre un'abbondante produzione di foglie aromatiche che possono essere raccolte durante l'intero anno. È ideale per condire piatti di carne, pesce e verdure, ma può anche essere utilizzato per fare infusi, oli aromatici e persino come repellente naturale contro alcuni insetti.

Semina e crescita: Il rosmarino cresce meglio in climi caldi e soleggiati. Inizia la semina in primavera, preferibilmente da talea piuttosto che da seme, poiché la germinazione del seme di rosmarino è lenta e poco affidabile. Le talee vanno piantate in un terreno ben drenato, possibilmente sabbioso o calcareo, e non tollerano ristagni d'acqua. È importante scegliere un luogo con buona esposizione al sole, poiché il rosmarino ha bisogno di almeno 6-8 ore di luce solare diretta al giorno per crescere in modo sano.

Cura e raccolto: Il rosmarino è una pianta rustica e resistente, ma richiede un'irrigazione moderata e un terreno ben drenato. Una volta che le piante sono mature, si possono raccogliere i rami di rosmarino tagliandoli dalla pianta madre. Il rosmarino può essere conservato fresco o essiccato, ma per mantenerne l'aroma più intenso, è preferibile utilizzarlo fresco.

Problemi comuni: Il rosmarino è relativamente resistente alle malattie e ai parassiti, ma può essere attaccato dalla ruggine e dalla peronospora in condizioni di umidità eccessiva. È importante evitare l'irrigazione eccessiva e scegliere un terreno che dreni bene. Anche i parassiti come afidi e cocciniglie possono attaccare il rosmarino, ma in genere non sono gravi minacce se si interviene tempestivamente.

Conclusione

Basilico, prezzemolo e rosmarino sono tre piante aromatiche che, sebbene abbiano esigenze diverse, sono tutte facili da coltivare e offrono un'incredibile varietà di usi in cucina. Che tu sia un principiante o un ortista esperto, queste piante sono ideali per arricchire il tuo orto e la tua tavola con sapori freschi e profumati. Scegli il posto giusto, prendi cura delle tue piante e raccoglierai i frutti della tua fatica in modo soddisfacente e gustoso.

Conclusione del Capitolo 4

Le piante aromatiche come basilico, prezzemolo e rosmarino rappresentano un'ottima scelta per chi desidera avvicinarsi al mondo dell'orto, offrendo numerosi vantaggi sia per la cucina che per il giardino. Ogni pianta ha le sue caratteristiche specifiche, ma tutte sono facili da coltivare e, grazie alla loro versatilità, permettono di arricchire ogni piatto con sapori freschi e naturali.

Il basilico, con il suo aroma intenso e fresco, è perfetto per essere utilizzato in piatti estivi e per preparare il celebre pesto, ma richiede un clima caldo e un buon drenaggio del terreno.

Il prezzemolo, invece, è una pianta più resistente, che si adatta bene sia in pieno sole che in zone parzialmente ombreggiate, ed è ideale per insaporire praticamente ogni piatto, dalle minestre alle insalate. Infine, il rosmarino, con il suo profumo legnoso e robusto, è una pianta perenne che offre foglie aromatiche tutto l'anno, perfette per piatti di carne, pesce e anche per preparazioni come oli aromatici e infusi.

Coltivare queste piante aromatiche nel proprio orto, anche in piccoli spazi come balconi e terrazzi, non solo è gratificante ma ha anche un impatto positivo sull'ambiente, poiché favorisce la biodiversità, riduce l'uso di prodotti chimici e offre un'alternativa sana e sostenibile agli ingredienti acquistati nei negozi. Inoltre, la loro cura e raccolta non richiedono un impegno eccessivo, rendendole accessibili anche a chi è alle prime armi con la coltivazione.

In sintesi, basilico, prezzemolo e rosmarino sono la scelta ideale per chi vuole iniziare a coltivare l'orto, imparando rapidamente e ottenendo risultati soddisfacenti. Ogni pianta offre una combinazione unica di sapori, benefici per la salute e bellezza estetica. Con un po' di attenzione e cura, il tuo orto aromatico crescerà rigoglioso e ti regalerà una continua fonte di soddisfazione, sia in cucina che nel quotidiano.

Introduzione del Capitolo 5: Tecniche di semina e trapianto

Nel viaggio verso un orto rigoglioso e produttivo, le tecniche di semina e trapianto rappresentano uno degli aspetti fondamentali da padroneggiare. La semina è il primo passo per dare vita alle piante, mentre il trapianto è la fase che consente di trasferire le piantine da un ambiente protetto, come un semenzaio o un vaso, al terreno del nostro orto, dove potranno crescere e svilupparsi pienamente.

Questo capitolo è dedicato proprio a queste due tecniche cruciali, fornendo tutte le informazioni necessarie per semplificare il processo e garantire una crescita sana e vigorosa delle piante. La semina, infatti, richiede attenzione alla scelta del terreno, della profondità giusta e delle condizioni climatiche ideali per ogni tipo di pianta. Il trapianto, invece, è una fase delicata, che richiede di rispettare i tempi e le modalità corrette per ridurre al minimo lo stress per le piantine e favorire il loro adattamento al nuovo ambiente.

La scelta del momento giusto per seminare e trapiantare è determinante per il successo di ogni coltura. Semina troppo precoce o troppo tardiva, o un trapianto effettuato in un momento di stress per la pianta, possono compromettere la salute delle piante e il risultato finale. Imparerai come riconoscere i segnali giusti e come procedere con metodi pratici e collaudati.

Inoltre, esploreremo anche le tecniche di semina diretta, in cui i semi vengono messi direttamente nel terreno, e quelle di semina indiretta, dove i semi vengono avviati in contenitori separati per poi essere trapiantati quando le piante sono abbastanza forti.

Ogni metodo ha i suoi vantaggi e le sue specificità, e il capitolo ti guiderà passo dopo passo nella scelta della tecnica più adatta alle tue necessità.

Questo capitolo fornirà anche consigli pratici per evitare gli errori più comuni, come la sovra-semina o il trapianto in condizioni sfavorevoli, e ti aiuterà a sviluppare la giusta confidenza per affrontare con successo queste fasi importanti della coltivazione. Con un po' di pratica e le giuste conoscenze, diventerai capace di gestire al meglio le tue semine e i tuoi trapianti, avviando con successo la crescita del tuo orto.

5.1 La Semina Diretta: Come e Quando Farla

La semina diretta è una delle tecniche più semplici ed efficaci per iniziare a coltivare il proprio orto, in quanto consente di piantare i semi direttamente nel terreno senza dover passare per la fase del semenzaio o del trapianto. Questa tecnica è particolarmente adatta per le piante che non soffrono facilmente i trapianti e che crescono rapidamente una volta che hanno preso radice.

Tuttavia, affinché la semina diretta sia un successo, è importante conoscere le modalità, i tempi e le condizioni ideali per ogni tipo di seme. In questo sottocapitolo, esploreremo nel dettaglio come e quando fare la semina diretta, passando in rassegna i fattori fondamentali per una buona riuscita.

Quando seminare: la scelta del momento giusto

La tempistica della semina è uno degli aspetti più cruciali della semina diretta. Ogni seme ha bisogno di determinate condizioni climatiche per germogliare correttamente, e seminare troppo presto o troppo tardi potrebbe compromettere il risultato.

- **Temperatura del terreno:** Ogni pianta ha una temperatura di germinazione ideale. Ad esempio, i semi di pomodoro necessitano di un terreno caldo (intorno ai 20°C), mentre quelli di carota preferiscono temperature più fresche (intorno ai 15°C). È importante che il terreno sia sufficientemente caldo per stimolare la germinazione. Può essere utile utilizzare un termometro da giardino per verificare la temperatura del suolo prima di seminare.

- **Le stagioni:** La semina diretta avviene generalmente in primavera, quando il rischio di gelate è passato e le temperature sono in aumento. Tuttavia, alcune piante, come i piselli e le fave, possono essere seminate già in autunno o a inizio inverno per una raccolta primaverile. In generale, la primavera è il periodo migliore per la maggior parte dei semi, ma è fondamentale conoscere le specifiche esigenze climatiche di ogni varietà che si intende coltivare.

- **Il calendario delle semine:** Un buon ortista sa che ogni pianta ha il suo periodo di semina ideale. Per esempio, le insalate possono essere seminate direttamente a fine inverno o all'inizio della primavera, mentre i legumi come fagioli e piselli preferiscono una semina a inizio primavera, non appena il terreno è abbastanza caldo. Un calendario delle semine ti aiuterà a pianificare meglio e a non tralasciare nessuna coltura.

Preparazione del terreno: un passo fondamentale per la semina diretta

La preparazione del terreno è una fase determinante per garantire che i semi possano germogliare correttamente. Un terreno sano e ben lavorato consente alle radici di svilupparsi senza ostacoli e ai semi di trarre i nutrienti necessari per crescere.

- **Arieggiatura e lavorazione del suolo:** Prima di seminare, è fondamentale lavorare il terreno per garantirne una buona aerazione e prepararlo ad accogliere i semi. Se il terreno è troppo compatto, i semi non riusciranno a germogliare, e le radici delle piante fatiChERAnno a crescere. Puoi utilizzare una zappa o una vanga per rompere eventuali grumi e mescolare il terreno, in modo che sia soffice e ben allentato. Un buon terreno per la semina diretta deve essere sciolto e ben drenato.

- **Fertilizzazione:** Per stimolare la crescita dei semi, è consigliabile aggiungere del compost o del fertilizzante organico al terreno prima della semina. Il compost fornisce i nutrienti necessari per una crescita sana delle piante e migliora la struttura del suolo, favorendo il drenaggio e la ritenzione idrica. È importante non esagerare con il concime, per evitare di bruciare i semi o creare uno squilibrio nutrizionale.

- **Rimozione delle erbe infestanti:** Prima di seminare, è fondamentale rimuovere le erbe infestanti, che competono con le piante per acqua e nutrienti. Puoi farlo manualmente con una zappa o usando metodi naturali come la pacciamatura.

Come seminare: la tecnica della semina diretta

La semina diretta è un'operazione semplice, ma richiede una certa attenzione per garantire che i semi si trovino nelle condizioni ideali per germogliare. Ogni tipo di seme ha delle necessità specifiche in termini di profondità e distanze di semina.

- **Profondità della semina:** Ogni seme ha una profondità di semina ottimale che varia in base alla sua dimensione. I semi piccoli, come quelli delle carote, devono essere seminati superficialmente, a circa 1-2 cm di profondità. I semi più grandi, come quelli dei fagioli, possono essere piantati a una maggiore profondità, circa 4-5 cm. È importante non seminare i semi troppo in profondità, poiché potrebbero avere difficoltà a emergere dalla terra.

- **Distanza tra i semi:** La distanza tra i semi dipende dalle esigenze di crescita delle piante. Per le piante più piccole, come le insalate, una distanza di 2-3 cm tra ogni seme è sufficiente, mentre per le piante più grandi, come i pomodori o le zucchine, la distanza deve essere maggiore, generalmente tra i 30 e i 40 cm. Rispetta sempre le indicazioni riportate sulle confezioni dei semi o nelle guide specifiche per ogni tipo di pianta.

- **Rullare o pressare il terreno:** Dopo aver seminato i semi, è importante compattare leggermente il terreno sopra di essi per garantire un buon contatto tra i semi e il suolo. Puoi farlo semplicemente camminando sopra la superficie o utilizzando un attrezzo apposito come il rullo. Questo aiuta anche a mantenere l'umidità nel terreno, favorendo la germinazione.

Cura dopo la semina: l'attenzione costante

Dopo aver seminato i semi, è essenziale fornire loro le giuste condizioni per germogliare e crescere in modo sano. La semina diretta richiede una certa pazienza, ma i risultati possono essere molto soddisfacenti.

- **Irrigazione:** I semi appena seminati necessitano di una buona irrigazione, ma bisogna fare attenzione a non esagerare. Il terreno deve essere mantenuto umido, ma non inzuppato. Dopo la germinazione, le irrigazioni possono diventare meno frequenti, ma durante le prime settimane è fondamentale mantenere il terreno costantemente umido.

- **Controllo delle erbe infestanti:** Anche se il terreno è stato preparato adeguatamente, le erbe infestanti possono comunque emergere. È importante monitorare regolarmente il giardino e rimuovere le infestanti manualmente o con l'ausilio di strumenti appositi. Le erbe infestanti possono competere con le piante giovani per luce, acqua e nutrienti, rallentando la loro crescita.

- **Controllo della temperatura e della luce:** Se la semina avviene in un periodo di temperature troppo basse, può essere utile coprire le zone seminate con una rete di protezione o con teli in plastica, per favorire il riscaldamento del terreno. Inoltre, se si seminano in un'area parzialmente ombreggiata, è bene verificare che le piante ricevano abbastanza luce solare, poiché una scarsa esposizione alla luce può rallentare la germinazione.

Conclusione
La semina diretta è una tecnica semplice ma estremamente efficace, che permette di risparmiare tempo e risorse, oltre a garantire una crescita sana e naturale delle piante. Seguendo i giusti passaggi – dalla preparazione del terreno alla cura post-semina – è possibile ottenere ottimi risultati. Con la pratica, imparerai a conoscere le specifiche esigenze delle piante e a ottimizzare la semina diretta per ogni tipo di coltura. Concludendo, la semina diretta è un metodo perfetto per avvicinarsi al mondo dell'orto e per vivere appieno il ciclo naturale delle piante, dalla semina alla raccolta.

5.2 Il Trapianto delle Piantine

Il trapianto delle piantine è una fase fondamentale nella gestione dell'orto, che richiede attenzione, preparazione e tempismo. Si tratta del momento in cui le piantine, nate in semenzaio o in contenitori separati, vengono trasferite nel terreno definitivo, dove continueranno il loro ciclo di crescita. Sebbene il trapianto possa sembrare una fase relativamente semplice, la riuscita di questa operazione ha un grande impatto sulla salute delle piante e sul risultato finale del raccolto. In questo sottocapitolo esploreremo in dettaglio come e quando trapiantare le piantine, offrendo consigli pratici per garantire il successo di questa fase cruciale.

Quando trapiantare: il momento giusto

Il trapianto è una fase delicata e deve avvenire al momento giusto per evitare di stressare eccessivamente le piante. Ecco alcuni punti da considerare:

- **Sviluppo delle piantine:** Prima di tutto, le piantine devono essere abbastanza robuste da supportare il cambiamento. In generale, le piantine dovrebbero avere almeno un paio di foglie vere (quelle che appaiono dopo le foglioline iniziali), ma non dovrebbero essere troppo sviluppate. Se trapiantiamo piantine troppo grandi o con radici troppo sviluppate, rischiamo di danneggiare le radici o di provocare uno shock eccessivo alla pianta.

- **Temperature del suolo e dell'aria:** Le piantine devono essere trapiantate solo quando le condizioni climatiche sono favorevoli. La temperatura del terreno dovrebbe essere abbastanza calda da permettere alle radici di stabilirsi velocemente, e l'aria non dovrebbe essere troppo fredda. Generalmente, il trapianto avviene a partire dalla fine della primavera, quando il rischio di gelate è passato e le temperature sono stabilmente miti.
- Un buon indicatore è che la temperatura del suolo deve essere di almeno 10-15°C, ma ogni pianta ha esigenze specifiche, quindi è fondamentale fare riferimento alle raccomandazioni per la varietà in questione.

- **Stato del semenzaio:** È fondamentale che le piantine siano pronte per essere trasferite dal semenzaio al terreno. Un segno che è il momento giusto per il trapianto è quando le piantine hanno sviluppato radici sufficientemente forti e non sono più "ingabbiate" nel contenitore o nel semenzaio.
- Inoltre, le piantine dovrebbero essere ben acclimatate alle condizioni esterne se sono state inizialmente cresciute in ambienti protetti, come serre o finestre interne.

Preparazione del terreno per il trapianto

Anche il terreno in cui andremo a trapiantare le piantine richiede una preparazione adeguata. Un buon terreno è essenziale per il successo del trapianto e per garantire che le piante si stabilizzino rapidamente nel loro nuovo ambiente.

- **Lavorazione del terreno:** Prima di procedere con il trapianto, è importante preparare bene il terreno. Inizialmente, bisogna rimuovere tutte le erbacce e le piante infestanti che potrebbero competere con le nuove piantine per nutrienti e acqua. Successivamente, si deve lavorare il suolo con una zappa o una vanga, creando una struttura leggera e ben arieggiata che faciliti l'attecchimento delle radici.

- **Concimazione:** Il terreno dovrebbe essere arricchito con fertilizzanti naturali, come compost o letame ben maturo, per fornire alle piante una fonte di nutrimento immediata. È preferibile usare fertilizzanti organici, che migliorano la qualità del suolo e sono meno rischiosi per le piante rispetto a quelli chimici. A seconda delle necessità della coltura, si può anche aggiungere un fertilizzante specifico per le piante che si intendono trapiantare, come un fertilizzante ricco di potassio per le piante da frutto.

- **Buche di trapianto:** Le buche dove andranno sistemate le piantine devono essere sufficientemente grandi da ospitare comodamente le radici. Una buona regola generale è quella di fare delle buche profonde circa 10-15 cm, abbastanza larghe da permettere alle radici di espandersi liberamente. È importante che il terreno all'interno della buca sia umido, ma non troppo bagnato, per evitare che le radici marciscano.

Come trapiantare: la tecnica corretta

Il trapianto deve essere eseguito con molta attenzione per evitare danni alle radici e allo sviluppo della pianta. Ecco i passaggi per un trapianto corretto:

- **Estrazione della piantina dal contenitore:** Prima di tutto, è fondamentale estrarre la piantina dal suo contenitore con delicatezza. Se la piantina è in un vaso, capovolgilo leggermente e fai attenzione a non danneggiare le radici. Per le piantine provenienti da un semenzaio o da una cella di alveoli, aiutati con un piccolo utensile per sollevarle senza danneggiare la parte sotterranea.

- **Non disturbare le radici:** Le radici sono l'elemento più sensibile durante il trapianto, quindi cerca di maneggiarle il meno possibile. Se le radici sono troppo ingarbugliate, puoi fare dei piccoli tagli per stimolare la loro ramificazione, ma fai attenzione a non strappare o danneggiare la pianta. Se le radici sono troppo secche, puoi immergere delicatamente la piantina in acqua per qualche minuto prima di trapiantarla, per idratarla.

- **Posizionamento della piantina:** La piantina deve essere sistemata nella buca in modo che il suo colletto (la parte tra le radici e la parte aerea) sia a livello con la superficie del terreno. Se il colletto è troppo profondo, le radici potrebbero soffocare; se è troppo in alto, la pianta potrebbe disidratarsi rapidamente. Una volta sistemata, riempi la buca con il terreno circostante, premendo delicatamente per assicurare che la pianta sia ben ancorata e che non ci siano sacche d'aria tra le radici.

- **Irrigazione immediata:** Dopo aver trapiantato la piantina, è fondamentale annaffiarla immediatamente. L'acqua aiuterà a stabilizzare il terreno e a far sì che le radici entrino in contatto con il suolo circostante. L'irrigazione va fatta con una buona quantità d'acqua, ma evitando di creare pozzanghere, che potrebbero causare marciume radicale.

Cura post-trapianto: il periodo critico

Il periodo che segue il trapianto è critico per la pianta, che deve adattarsi al nuovo ambiente. Durante questa fase, è importante prestare attenzione a vari aspetti.

- **Protezione dalle condizioni avverse:** Nei primi giorni dopo il trapianto, le piantine possono essere vulnerabili a stress da temperature basse o da esposizione al sole troppo diretto. Può essere utile proteggere le piantine con una rete o una copertura di tessuto non tessuto nelle ore più calde, per evitare il caldo eccessivo o il vento.

- **Controllo delle irrigazioni:** Le piantine appena trapiantate necessitano di un'irrigazione costante, ma non esagerata. Assicurati che il terreno sia umido ma ben drenato. Un'irrigazione troppo abbondante può danneggiare le radici, mentre una carenza d'acqua può stressare la pianta e rallentarne la crescita.

- **Fertilizzazione post-trapianto:** Una volta che la piantina si è stabilizzata nel terreno, potrai considerare un'applicazione leggera di fertilizzante per supportarne la crescita. Tuttavia, non esagerare con i concimi, poiché le radici delle piante appena trapiantate sono delicate e un eccesso di nutrienti potrebbe provocare danni.

Conclusione
Il trapianto delle piantine è una fase decisiva nella vita di ogni pianta e, se fatto correttamente, può fare la differenza tra una crescita sana e un fallimento. Prestando attenzione ai dettagli – dal momento giusto per il trapianto, alla preparazione del terreno, fino alla cura post-trapianto – puoi garantire alle tue piante un inizio ottimale e favorire una crescita rigogliosa. Con un po' di esperienza e pratica, il trapianto diventerà una delle operazioni più soddisfacenti e gratificanti del tuo orto.

5.3 Errori Comuni nella Fase Iniziale e Come Evitarli
La fase iniziale di coltivazione, che comprende la semina, il trapianto e le prime cure delle piante, è cruciale per il successo dell'intero ciclo dell'orto. Tuttavia, nonostante la passione e la dedizione, è facile commettere errori che possono compromettere la salute delle piante e il raccolto. In questo sottocapitolo, esploreremo alcuni dei più comuni errori che i principianti tendono a fare nelle fasi iniziali di crescita dell'orto e forniremo consigli su come evitarli, per garantire un inizio sano e produttivo.

Scelta errata del periodo di semina o trapianto
Uno degli errori più comuni è quello di seminare o trapiantare troppo presto o troppo tardi. Ogni pianta ha un proprio ciclo di crescita, e una delle chiavi per il successo è rispettare i tempi giusti per la semina e il trapianto.

- **Semina troppo presto:** Se si semina troppo presto, le piantine potrebbero non essere pronte per il trapianto, oppure potrebbero soffrire a causa di temperature ancora troppo fredde, che ritardano la crescita e indeboliscono le piantine. Le gelate tardive, che sono comuni all'inizio della primavera, possono danneggiare irreparabilmente le piantine giovani.

- **Semina troppo tardi:** Al contrario, seminare troppo tardi significa che le piante potrebbero non avere il tempo sufficiente per crescere e maturare prima dell'arrivo del freddo. Questo è particolarmente vero per le colture a ciclo lungo come pomodori, peperoni e melanzane. Inoltre, in alcune aree geografiche, la finestra di tempo per la semina può essere piuttosto ristretta.

Come evitarlo: Assicurati di conoscere i periodi di semina ideali per le tue piante, tenendo conto delle specifiche esigenze climatiche e della durata del ciclo vegetativo. Utilizza un calendario delle semine e, se necessario, proteggi le piantine con mini serre o tunnel per permettere una crescita precoce e sicura.

Trapianto in un terreno non preparato

Un altro errore comune riguarda il trapianto delle piantine in un terreno che non è stato adeguatamente preparato. Se il terreno non è ben lavorato, non ben drenato o privo dei nutrienti necessari, le radici delle piante non si svilupperanno correttamente e la pianta potrebbe soffrire, diventando vulnerabile a malattie e parassiti.

- **Terreno compatto o troppo duro:** Un terreno troppo compatto o duro rende difficile la penetrazione delle radici, impedendo la crescita sana delle piante. Le radici hanno bisogno di spazio per espandersi e assorbire i nutrienti e l'acqua necessari.

- **Mancanza di nutrienti:** Se il terreno è povero di nutrienti, le piante non avranno il supporto di cui hanno bisogno per crescere e prosperare. Una carenza di azoto, fosforo o potassio può portare a una crescita stentata e a foglie ingiallite.

Come evitarlo: Prima di trapiantare, dedica il giusto tempo alla preparazione del terreno, rendendolo soffice e ben aerato. Lavora il suolo con una vanga o una forca, aggiungendo compost o letame maturo per arricchirlo di nutrienti. Se il terreno è troppo argilloso o compatto, aggiungi sabbia o materiale organico per migliorare il drenaggio.

Irrigazione eccessiva o insufficiente

L'irrigazione è uno degli aspetti più critici nella cura dell'orto, ma è anche uno degli errori più facili da commettere, soprattutto nelle fasi iniziali. Entrambe le estremità di questo errore possono essere dannose per le piante.

- **Irrigazione eccessiva:** Troppe annaffiature possono causare il marciume radicale, una condizione in cui le radici delle piante marciscono a causa di un ambiente troppo umido. L'acqua in eccesso impedisce anche il corretto scambio di ossigeno nel terreno, limitando l'assorbimento dei nutrienti e indebolendo la pianta.

- **Irrigazione insufficiente:** D'altro canto, non dare abbastanza acqua alle piante può portare a stress idrico, che rallenta la crescita e causa foglie appassite e piante deboli. Le piante appena trapiantate hanno bisogno di una buona irrigazione per stabilizzarsi e radicarsi nel nuovo terreno.

Come evitarlo: L'ideale è mantenere il terreno costantemente umido ma non troppo bagnato. Dopo il trapianto, annaffia le piante con moderazione, assicurandoti che l'acqua raggiunga le radici senza saturare il suolo. Un buon consiglio è quello di controllare la consistenza del terreno: se è troppo asciutto in superficie, è il momento di annaffiare; se è troppo bagnato, è meglio aspettare che si asciughi un po' prima di aggiungere altra acqua.

Distanza troppo ravvicinata tra le piante

Un altro errore che si verifica spesso riguarda la distanza tra le piante durante il trapianto. Se le piante sono troppo vicine tra loro, competono per luce, acqua e nutrienti, riducendo la loro crescita e la produttività. Al contrario, se le piante sono troppo distanti, si spreca spazio prezioso nel giardino.

Come evitarlo: Ogni pianta ha una distanza ideale da mantenere per crescere al meglio. Verifica le indicazioni sulle etichette dei semi o consulta risorse online per capire la distanza corretta tra le piante. In generale, cerca di rispettare le linee guida, ma lascia anche un po' di spazio extra se le piante cresceranno in modo espansivo, come nel caso di pomodori o zucchine.

Non prestare attenzione alle condizioni meteo

Le condizioni climatiche giocano un ruolo fondamentale nel successo della semina e del trapianto. Ignorare il clima o non prendere in considerazione le previsioni meteo può portare a errori che potrebbero danneggiare le piantine.

- **Gelate tardive:** Sembrano improbabili in primavera, ma le gelate tardive sono un rischio reale, soprattutto in aree montuose o nelle prime settimane di maggio. Le piante trapiantate troppo presto potrebbero subire danni irreparabili.

- **Sbalzi di temperatura:** Le piante giovani sono sensibili agli sbalzi di temperatura, che possono causare shock e rallentare la crescita. In particolare, temperature basse o notturne troppo fresche possono rallentare il processo di radicamento.

Come evitarlo: Tieni sempre d'occhio le previsioni meteo e cerca di trapiantare solo quando le condizioni sono stabili e il rischio di gelate è passato. Utilizzare tunnel di plastica o coperture di tessuto non tessuto può proteggere le piantine durante i periodi di temperature fresche o durante la notte.

Non considerare la compatibilità tra le piante

Infine, un errore comune che molti principianti fanno è quello di piantare colture incompatibili tra loro. Alcune piante non vanno d'accordo e, quando piantate troppo vicine, possono ostacolarsi a vicenda per quanto riguarda la luce, l'acqua e i nutrienti.

Come evitarlo: Studia la compatibilità tra le piante prima di piantare. Alcune piante, come le leguminose (fagioli, piselli) sono ottime per migliorare la qualità del terreno, mentre altre, come le carote, beneficiano della compagnia di cipolle o porri, che le proteggono da alcuni parassiti. Le piante che vanno d'accordo e quelle che invece devono essere tenute lontane sono informazioni fondamentali per il successo dell'orto.

Conclusione

Evitare questi errori comuni nella fase iniziale dell'orto è essenziale per garantire una crescita sana delle piante e ottenere un buon raccolto. Conoscere le esigenze delle piante, seguire i tempi giusti e preparare correttamente il terreno, l'irrigazione e la disposizione sono passaggi chiave per superare le sfide di questa fase critica. Con un po' di attenzione e cura, gli errori iniziali possono essere evitati, e il tuo orto sarà pronto per una crescita rigogliosa.

Conclusione del Capitolo 5: Tecniche di Semina e Trapianto

Il capitolo 5, dedicato alle tecniche di semina e trapianto, ha messo in evidenza l'importanza di questi due passaggi fondamentali nella gestione di un orto. La semina e il trapianto non sono solo gesti tecnici, ma rappresentano il punto di partenza per la vita delle piante e, di conseguenza, per la prosperità dell'intero orto. Ogni fase, dalla scelta del momento giusto per la semina alla cura delle piantine appena trapiantate, gioca un ruolo cruciale nel garantire una crescita sana e produttiva. Abbiamo esplorato diversi aspetti che riguardano la semina diretta e il trapianto delle piantine, sottolineando l'importanza di rispettare i tempi stagionali, di scegliere il metodo adatto in base al tipo di coltura e di preparare il terreno con attenzione. Ogni errore commesso nelle fasi iniziali può ripercuotersi sullo sviluppo delle piante, quindi è fondamentale avere una buona comprensione delle esigenze specifiche di ciascuna varietà e monitorare costantemente le condizioni di crescita. Inoltre, ci siamo concentrati sui principali errori che i principianti tendono a commettere, come la scelta del momento sbagliato per la semina o il trapianto, l'irrigazione impropria o la distanza non corretta tra le piante. Evitare questi errori è un passo fondamentale per non compromettere l'intero raccolto. È essenziale comprendere l'equilibrio delicato tra le necessità delle piante e le condizioni esterne, come il clima, e sapere come intervenire per correggere eventuali errori prima che diventino problemi gravi.

In definitiva, la semina e il trapianto sono il cuore pulsante dell'orto, e gestirli correttamente è essenziale per ottenere risultati soddisfacenti. Con un po' di pratica e la giusta attenzione ai dettagli, è possibile instaurare una relazione armoniosa con la natura, vedendo le proprie piante crescere e prosperare. La consapevolezza dei fattori che influenzano la semina e il trapianto aiuta a ridurre il rischio di insuccesso, mentre la conoscenza delle buone pratiche porta a un orto rigoglioso e produttivo.

Introduzione del Capitolo 6: Irrigazione e Gestione dell'Acqua

L'irrigazione e la gestione dell'acqua sono due aspetti fondamentali nella cura dell'orto e giocano un ruolo decisivo nella salute delle piante. Un orto che non riceve una giusta quantità d'acqua, o che viene irrigato in modo errato, può soffrire gravemente, compromettendo la crescita e la produttività delle coltivazioni. Al contrario, una corretta gestione dell'irrigazione non solo favorisce la salute delle piante, ma contribuisce anche a migliorare l'efficienza delle risorse, evitando sprechi di acqua, che è una risorsa sempre più preziosa e limitata.

In questo capitolo, esploreremo le diverse tecniche di irrigazione, partendo dai metodi più tradizionali fino ad arrivare alle soluzioni più moderne e tecnologiche, che consentono di ottimizzare l'uso dell'acqua in base alle necessità specifiche delle piante. Ogni tipo di orto, che si tratti di un piccolo giardino domestico o di un orto più ampio, ha esigenze diverse, e la scelta del sistema di irrigazione dipende da vari fattori, come il clima, il tipo di terreno, la varietà di colture e la disponibilità di acqua.

L'irrigazione può sembrare un'operazione semplice, ma richiede attenzione e conoscenza. Un'irrigazione eccessiva può portare a problemi come il marciume delle radici, mentre una scarsa irrigazione causa stress idrico, che impedisce alle piante di crescere correttamente. Inoltre, è essenziale considerare il momento giusto per annaffiare e la quantità di acqua necessaria per ogni pianta. La gestione dell'acqua, quindi, non riguarda solo la quantità, ma anche la qualità dell'irrigazione, in modo da garantire un flusso d'acqua che raggiunga efficacemente le radici senza disperdersi inutilmente.

Questo capitolo si concentrerà su vari sistemi di irrigazione, dai più semplici come l'irrigazione manuale, fino ai sistemi automatizzati come quelli a goccia e a sprinklers, che permettono di risparmiare acqua e garantire una distribuzione uniforme. Esamineremo anche le tecniche di raccolta dell'acqua piovana, che rappresentano una soluzione ecologica ed economica per chi desidera gestire in modo responsabile l'uso dell'acqua nel proprio orto.

Infine, parleremo della gestione dell'irrigazione in relazione alle stagioni e alle condizioni climatiche, esplorando come adattare il sistema alle necessità delle piante durante l'estate calda o durante le piogge più abbondanti.

L'obiettivo di questo capitolo è fornire al lettore gli strumenti e le conoscenze necessarie per affrontare con successo la gestione dell'acqua in orto, in modo da ottenere piante rigogliose e produttive, rispettando al contempo l'ambiente e le risorse naturali.

6.1 Sistemi di Irrigazione: Manuale, a Goccia, Automatica

L'irrigazione è un aspetto fondamentale nella gestione di un orto e la scelta del sistema giusto può fare la differenza tra un orto rigoglioso e uno che fatica a crescere. Esistono diverse tecniche di irrigazione, ognuna con vantaggi e svantaggi, che dipendono dal tipo di orto, dalle colture, dalle condizioni climatiche e dalle risorse disponibili. In questo sottocapitolo, esploreremo i principali sistemi di irrigazione: manuale, a goccia e automatizzato, analizzandone le caratteristiche, i benefici e come scegliere il più adatto alle proprie esigenze.

Irrigazione Manuale

L'irrigazione manuale è il sistema più tradizionale e semplice, che consiste nell'utilizzare attrezzi come annaffiatoi o tubi per distribuire l'acqua direttamente sulle piante. È una tecnica che richiede l'intervento diretto dell'orticoltore, ma che offre un controllo totale sulla quantità di acqua somministrata e sul momento dell'irrigazione.

Vantaggi:

- **Controllo totale:** Con l'irrigazione manuale, l'orticoltore ha il pieno controllo su ogni pianta e può decidere di annaffiare solo le piante che ne hanno bisogno, evitando sprechi.

- **Flessibilità:** È ideale per orti piccoli o giardini dove le piante sono sparse e non c'è bisogno di un sistema complesso. Inoltre, può essere facilmente adattato alle varie necessità di ciascuna coltura.

- **Costo contenuto:** Non è necessario investire in impianti complessi o costosi. È una soluzione accessibile per chi ha un orto limitato.

Svantaggi:

- **Dispendio di tempo e fatica:** L'irrigazione manuale è molto laboriosa e può diventare particolarmente faticosa se l'orto è grande o se ci sono molte piante da annaffiare.

- **Non sempre efficiente:** Può risultare difficile annaffiare uniformemente tutte le piante, con il rischio di somministrare troppa o troppo poca acqua. L'irrigazione manuale può essere meno precisa rispetto ad altri sistemi.

Quando usarla: L'irrigazione manuale è ideale per orti di piccole dimensioni o per giardini con poche piante. È anche utile per chi desidera un controllo più diretto sul proprio orto e non ha bisogno di una soluzione automatica.

Irrigazione a Goccia

Il sistema di irrigazione a goccia è uno dei più efficienti e diffusi per l'orto, poiché permette di somministrare acqua direttamente alle radici delle piante, riducendo al minimo gli sprechi e garantendo una distribuzione uniforme e costante dell'acqua. Questo sistema funziona attraverso tubi perforati, gocciolatori o micro-irrigatori che rilasciano piccole quantità di acqua direttamente al piede della pianta, senza bagnare il terreno circostante.

Vantaggi:

- **Efficienza nell'uso dell'acqua:** L'irrigazione a goccia è una delle tecniche più efficienti per ridurre gli sprechi d'acqua, poiché l'acqua viene erogata direttamente dove serve, alle radici della pianta.

- **Prevenzione di malattie:** Poiché l'acqua non viene spruzzata sulle foglie, si riduce il rischio di malattie fungine, che si sviluppano generalmente in ambienti umidi.

- **Adatto a piante a radice profonda:** Questo sistema è particolarmente utile per ortaggi e piante con radici profonde, come pomodori e peperoni, che richiedono un'irrigazione che raggiunga il fondo del terreno.

- **Risparmio di tempo:** Una volta installato, il sistema può funzionare autonomamente, riducendo il tempo che devi dedicare all'irrigazione manuale.

Svantaggi:

- **Costi iniziali:** L'installazione di un sistema di irrigazione a goccia richiede un investimento iniziale, anche se i costi sono generalmente contenuti rispetto ad altri sistemi automatizzati.

- **Manutenzione:** I gocciolatori o i tubi potrebbero ostruirsi nel tempo a causa di impurità nell'acqua o di alghe. È necessario fare una manutenzione regolare per evitare malfunzionamenti.

- **Non ideale per orti troppo grandi:** Sebbene adatto a orti di medie dimensioni, un sistema di irrigazione a goccia potrebbe risultare meno pratico o conveniente per orti di dimensioni enormi.

Quando usarla: L'irrigazione a goccia è perfetta per orti di dimensioni medie o grandi, dove è necessario irrigare in modo preciso e regolare. È ideale per colture che richiedono un'umidità costante e per chi cerca un metodo efficiente ed ecologico di gestione dell'acqua.

Irrigazione Automatizzata

L'irrigazione automatizzata è un sistema avanzato che utilizza sensori, timer e pompe per irrigare l'orto in modo completamente automatico. I sistemi automatizzati possono essere a spruzzo, a goccia o misti, e sono progettati per essere programmati per operare in orari specifici o in risposta a condizioni climatiche particolari.

Vantaggi:

- **Comodità e risparmio di tempo:** Una volta installato, il sistema di irrigazione automatica fa tutto da solo. Questo è particolarmente utile per chi ha poco tempo a disposizione o per chi non può annaffiare regolarmente l'orto.

- **Precisione:** I moderni sistemi automatizzati sono molto precisi, e la quantità di acqua somministrata può essere regolata in modo da soddisfare perfettamente le esigenze delle piante, evitando sia il ristagno che l'eccessiva secchezza del terreno.

- **Adatto a orti di grandi dimensioni:** Per gli orti molto ampi o per le colture in serra, un sistema automatizzato è spesso la scelta migliore, poiché consente di gestire in modo efficiente grandi quantità d'acqua senza dover intervenire manualmente.

Svantaggi:

- **Costo elevato:** I sistemi automatizzati richiedono un investimento iniziale più elevato rispetto a quelli manuali o a goccia. Inoltre, l'installazione può essere più complessa, specialmente per i modelli che richiedono l'intervento di un professionista.

- **Dipendenza dalla tecnologia:** In caso di malfunzionamento del sistema, potrebbero sorgere problemi significativi, specialmente se non si è in grado di risolvere autonomamente il problema.

Quando usarla: L'irrigazione automatizzata è ideale per orti di grandi dimensioni o per chi desidera una gestione dell'acqua senza sforzo. È perfetta per chi vuole ottimizzare l'irrigazione e risparmiare tempo, o per chi non è sempre presente nel proprio giardino.

Conclusioni

Ogni sistema di irrigazione ha i propri vantaggi e può essere utilizzato in base alle specifiche esigenze dell'orto. L'irrigazione manuale è ideale per orti piccoli e per chi cerca un controllo diretto sulle piante, mentre i sistemi a goccia sono perfetti per chi desidera risparmiare acqua e garantire un'irrigazione mirata. L'irrigazione automatizzata è la scelta più comoda e adatta per chi ha un orto grande o poco tempo da dedicare alla gestione delle piante. Qualunque sia la tua scelta, l'importante è scegliere il sistema più adatto alle tue necessità, alle dimensioni dell'orto e alle colture che desideri crescere.

6.2 Quanto e Quando Irrigare: I Segreti per un'Irrigazione Efficace

L'irrigazione è una delle pratiche più delicate e determinanti per la salute e la produttività dell'orto. Sia che tu stia coltivando ortaggi, frutta o piante aromatiche, la quantità e la frequenza con cui irrighi sono fattori che influenzano direttamente la crescita delle tue colture. Irrigare troppo o troppo poco può causare stress idrico alle piante, ostacolando la loro capacità di assorbire i nutrienti e riducendo la qualità del raccolto. In questo sottocapitolo esploreremo i principi fondamentali su **quanto e quando irrigare** il tuo orto per ottenere risultati ottimali, evitando sprechi d'acqua e favorendo lo sviluppo sano delle piante.

Quanto Irrigare: La Quantità d'Acqua Giusta

La quantità di acqua necessaria dipende da diversi fattori, tra cui il tipo di terreno, la varietà di piante, la stagione e le condizioni climatiche. In generale, le piante hanno bisogno di una quantità costante di acqua per crescere correttamente, ma questa non deve essere eccessiva.

A. Tipi di terreno e assorbimento dell'acqua:

- **Terreno sabbioso:** Il terreno sabbioso drenato tende a far passare l'acqua rapidamente, quindi ha bisogno di irrigazioni più frequenti ma con una quantità minore di acqua per evitare che si asciughi troppo velocemente.

- **Terreno argilloso:** Il terreno argilloso trattiene l'acqua molto più a lungo e quindi richiede irrigazioni meno frequenti, ma con quantità maggiori di acqua per garantire che le radici raggiungano il terreno umido anche in profondità.

- **Terreno limoso:** È il terreno ideale per molte piante, in quanto ha un buon equilibrio tra drenaggio e ritenzione idrica. In generale, un'irrigazione moderata è sufficiente.

B. Profondità delle radici:

La profondità delle radici delle piante è un altro fattore da considerare. Le piante con radici superficiali, come lattuga e spinaci, richiedono un'irrigazione frequente, ma superficiale, mentre le piante con radici più profonde, come pomodori e zucchine, richiedono irrigazioni più profonde e distanziate. L'acqua deve raggiungere le radici più profonde senza lasciare la parte superiore del terreno troppo umida, creando il rischio di marciume.

C. Le esigenze specifiche delle piante:

Ogni tipo di pianta ha esigenze diverse. Alcuni ortaggi, come i cetrioli e le zucchine, sono particolarmente sensibili alla carenza d'acqua e necessitano di irrigazioni regolari, mentre altre piante più rustiche, come le carote e le cipolle, richiedono meno acqua.

Regola generale:

Un'irrigazione adeguata dovrebbe penetrare almeno 10-20 cm nel terreno per raggiungere le radici più profonde. Una buona pratica è controllare la profondità di umidità del terreno con una paletta o una forchetta da giardino: se il terreno è asciutto più in profondità di 5 cm, è il momento di irrigare.

Quando Irrigare: La Tempistica dell'Irrigazione

Anche il **momento** dell'irrigazione è cruciale per garantire che le piante ricevano il giusto apporto d'acqua senza danneggiarle o causare sprechi. Irrigare nel momento giusto non solo favorisce la crescita sana delle piante, ma può anche prevenire danni causati da malattie o stress termico.

A. I momenti migliori per irrigare:

- **Al mattino presto:**
  Il momento ideale per irrigare è durante le prime ore del mattino, appena dopo l'alba. A questa ora, la temperatura è più bassa e l'umidità relativa è più alta, quindi l'acqua ha più tempo per penetrare nel terreno senza evaporare troppo velocemente. Inoltre, l'umidità del terreno favorisce l'assorbimento dell'acqua da parte delle radici.

- **Sera tardi:**
  L'irrigazione serale può essere una buona opzione, ma con cautela. Se l'acqua rimane sulle foglie durante la notte, c'è il rischio che la pianta sviluppi malattie fungine o marciumi. Se possibile, irriga in modo che le foglie si asciughino prima del calare della notte.

- **Evita le ore centrali della giornata:**
  Irrigare durante le ore più calde della giornata, tra le 12:00 e le 16:00, è meno efficiente, poiché l'acqua evapora rapidamente a causa dell'alta temperatura e del forte sole. Inoltre, le piante potrebbero subire uno shock termico se bagnate sotto il caldo sole di mezzogiorno.

B. Frequenza dell'irrigazione:

La frequenza con cui irrigare dipende dalle condizioni meteorologiche, dal tipo di terreno e dal ciclo vegetativo delle piante. In estate, con temperature elevate e un maggiore tasso di evaporazione, potrebbe essere necessario irrigare più frequentemente, mentre in primavera o autunno, con temperature più miti e piogge occasionali, l'irrigazione potrebbe essere meno frequente.

In generale, è meglio irrigare meno frequentemente, ma con abbondante acqua, piuttosto che annaffiare frequentemente con piccole quantità. Le piante tendono a svilupparsi meglio quando ricevono una grande quantità d'acqua che penetra nel terreno, piuttosto che acqua superficiale che evapora rapidamente.

C. Monitoraggio delle condizioni atmosferiche:

In caso di piogge abbondanti, sarà necessario ridurre l'irrigazione, mentre durante i periodi di siccità, l'irrigazione dovrebbe essere aumentata. Inoltre, se si vive in una zona particolarmente ventosa o calda, l'acqua evaporerà più velocemente, quindi la frequenza delle irrigazioni dovrà essere aumentata.

Come Verificare se le Piante Hanno Bisogno di Acqua

Un modo semplice per capire se le piante necessitano di acqua è osservare il terreno. Se la parte superiore del terreno è asciutta e compatta, è il momento di irrigare. Se il terreno è ancora umido, è meglio aspettare. Un altro segno di necessità di acqua è l'aspetto delle foglie: se le foglie diventano ingiallite o appassite, è possibile che la pianta stia soffrendo la sete.

Conclusioni

Conoscere quanto e quando irrigare è essenziale per un'orto sano e produttivo. Non esiste una regola unica che valga per tutti i giardini, ma comprendere le esigenze specifiche delle tue piante, monitorare attentamente le condizioni climatiche e scegliere il momento giusto per annaffiare sono i segreti di un'irrigazione efficace. Irrigare con intelligenza, evitando sprechi e garantendo un'umidità ottimale per le radici, permetterà alle tue colture di crescere forti, resistenti e rigogliose, offrendo un raccolto abbondante e di qualità.

6.3 Raccolta e Utilizzo dell'Acqua Piovana

La raccolta dell'acqua piovana è una pratica ecologica e sostenibile che sta guadagnando sempre più popolarità, soprattutto tra chi cerca di ridurre l'impatto ambientale e risparmiare sulle risorse idriche. L'acqua piovana è un'alternativa naturale all'irrigazione tradizionale, che permette di irrigare l'orto senza dover dipendere completamente dalle risorse idriche comunali. In questo sottocapitolo, esploreremo come raccogliere e utilizzare efficacemente l'acqua piovana per il tuo orto, analizzando i vantaggi, le modalità di raccolta e i sistemi di stoccaggio.

Perché Raccogliere l'Acqua Piovana: I Vantaggi

La raccolta dell'acqua piovana non è solo una scelta ecologica, ma presenta numerosi vantaggi pratici e ambientali:

A. Risparmio economico:

Utilizzare l'acqua piovana per irrigare il tuo orto può ridurre notevolmente la bolletta dell'acqua. Le imposte sul consumo di acqua sono in aumento, e sfruttare le precipitazioni naturali è una soluzione a basso costo, ideale per chi vuole risparmiare.

B. Sostenibilità ambientale:

L'acqua piovana è una risorsa rinnovabile e priva di sostanze chimiche, a differenza di quella proveniente dai rubinetti, che può contenere cloro e altri additivi. Usare acqua piovana aiuta a ridurre il consumo di acqua potabile e la dipendenza dalle risorse idriche, spesso soggette a scarsità. Inoltre, il recupero dell'acqua piovana diminuisce il rischio di inondazioni, poiché riduce il deflusso superficiale che potrebbe sovraccaricare i sistemi fognari.

C. Nutrienti per le piante:

L'acqua piovana è generalmente più ricca di minerali e sostanze nutritive rispetto a quella trattata, che spesso contiene additivi come il cloro. Inoltre, l'acqua piovana è naturalmente più morbida, il che significa che non contiene calcare, il che può danneggiare le piante e i terreni.

Come Raccogliere l'Acqua Piovana

La raccolta dell'acqua piovana può essere realizzata in vari modi, e la scelta del sistema dipende dalle dimensioni del giardino, dal clima e dalle risorse a disposizione.

A. Grondaie e canali di raccolta:

Il primo passo per raccogliere l'acqua piovana è dirigere l'acqua che scorre sui tetti verso un sistema di raccolta. Le grondaie sono progettate per raccogliere l'acqua che cade dal tetto e canalizzarla verso un punto di raccolta. È importante pulire regolarmente le grondaie per evitare che foglie, rametti e detriti ostruiscano il flusso d'acqua.

B. Serbatoi di stoccaggio:

L'acqua raccolta dalle grondaie viene convogliata in serbatoi o cisterne di stoccaggio. Questi contenitori possono essere realizzati in diversi materiali, come plastica, metallo o cemento. La scelta del materiale dipende dal budget, dallo spazio disponibile e dalla durata del sistema. I serbatoi sono disponibili in diverse dimensioni, dai piccoli contenitori da 200 litri fino a serbatoi da 1000 litri o più, per i giardini più grandi.

È importante scegliere un serbatoio che sia ben sigillato per evitare la contaminazione dell'acqua da insetti o detriti. Per una maggiore efficienza, alcuni sistemi di raccolta prevedono anche un filtro all'ingresso delle grondaie per trattenere le impurità prima che l'acqua arrivi nel serbatoio.

C. Cisterne sotterranee: In alcuni casi, soprattutto in spazi con limitato accesso a spazio sopraelevato, si possono installare cisterne sotterranee. Questi sistemi richiedono lavori di scavo, ma permettono di raccogliere grandi quantità di acqua senza compromettere lo spazio nel giardino. Le cisterne sotterranee sono ideali per giardini ampi o per chi ha bisogno di un grande volume di stoccaggio.

Come Utilizzare l'Acqua Piovana per Irrigare l'Orto

Una volta che l'acqua piovana è stata raccolta, è possibile utilizzarla in vari modi per irrigare il giardino o l'orto.

A. Sistemi di irrigazione a goccia: L'irrigazione a goccia è uno dei metodi più efficienti per utilizzare l'acqua piovana. Questo sistema distribuisce l'acqua direttamente alle radici delle piante, riducendo al minimo gli sprechi per evaporazione o per dispersione. I sistemi di irrigazione a goccia possono essere collegati direttamente al serbatoio di raccolta dell'acqua piovana, consentendo un'irrigazione automatica e precisa, che riduce anche la necessità di intervento manuale.

B. Innaffiatoio o spruzzatore manuale: Se non si dispone di un sistema di irrigazione automatico, l'acqua piovana può essere utilizzata con un innaffiatoio o un sistema di spruzzatori manuali. È importante che l'acqua venga distribuita in modo uniforme, evitando sia il ristagno che l'eccessiva evaporazione. L'irrigazione a mano è un po' più laboriosa, ma ti permette di avere un controllo totale su ogni pianta.

C. Trincee e sistemi di drenaggio: In alcune situazioni, puoi usare l'acqua piovana per drenare il terreno e migliorare la sua struttura. Per esempio, puoi scavare piccole trincee intorno alle tue piante per convogliare l'acqua verso le radici, o creare piccoli bacini che trattengano l'acqua nelle zone più asciutte del giardino. Questo metodo è particolarmente utile in giardini che soffrono di terreni sabbiosi, che non trattengono bene l'umidità.

Manutenzione del Sistema di Raccolta dell'Acqua Piovana

Affinché il sistema di raccolta dell'acqua piovana sia sempre efficiente, è necessario eseguire alcune operazioni di manutenzione regolari:

A. Pulizia periodica: Le grondaie e i filtri di raccolta devono essere controllati e puliti almeno due o tre volte all'anno, preferibilmente prima della stagione delle piogge. In questo modo, si eviteranno ostruzioni che potrebbero ridurre il flusso dell'acqua.

B. Controllo dei serbatoi: Anche i serbatoi devono essere puliti regolarmente per evitare che alghe o batteri proliferino al loro interno. Controlla periodicamente il serbatoio per assicurarti che non vi siano perdite e che l'acqua rimanga limpida. Se necessario, puoi trattare l'acqua con disinfettanti naturali, come il perossido di idrogeno, per evitare la crescita di alghe o muffe.

C. Protezione in inverno: Durante i mesi invernali, proteggi il sistema di raccolta da eventuali danni causati dal gelo. I serbatoi dovrebbero essere svuotati o riparati, e le tubature isolate per evitare che si rompano a causa del freddo.

Conclusioni
La raccolta e l'utilizzo dell'acqua piovana rappresentano una soluzione pratica ed ecologica per l'irrigazione dell'orto. Oltre a ridurre il consumo di acqua potabile e abbattere i costi delle bollette, permette di utilizzare una risorsa naturale e rinnovabile in modo responsabile. Con i giusti accorgimenti e una manutenzione regolare, il sistema di raccolta dell'acqua piovana può diventare una parte fondamentale della gestione dell'acqua nel tuo giardino, migliorando la qualità del raccolto e contribuendo alla sostenibilità del tuo orto.

Conclusione del Capitolo 6: Irrigazione e Gestione dell'Acqua

Nel corso di questo capitolo abbiamo esplorato uno degli aspetti più cruciali della coltivazione di un orto: la gestione dell'acqua. L'irrigazione è una delle principali sfide che ogni orticoltore deve affrontare, soprattutto quando si cerca di ridurre l'impatto ambientale e massimizzare l'efficienza dell'uso delle risorse. L'acqua è una risorsa preziosa e, se utilizzata correttamente, può fare la differenza tra un orto rigoglioso e uno che lotta per sopravvivere.

Abbiamo visto che esistono diversi sistemi di irrigazione, ognuno con vantaggi specifici. L'irrigazione manuale, seppur più laboriosa, permette un controllo diretto e mirato dell'acqua distribuita. I sistemi a goccia, d'altra parte, offrono un'irrigazione più automatizzata ed efficiente, riducendo al minimo gli sprechi. L'irrigazione automatizzata, come quella programmata, è una soluzione ideale per chi desidera una gestione più comoda e precisa dell'acqua, soprattutto in giardini di dimensioni maggiori. Inoltre, abbiamo esplorato l'importanza della raccolta dell'acqua piovana, una pratica tanto semplice quanto efficace per ridurre il consumo di acqua potabile e approfittare della natura.

La raccolta dell'acqua piovana non solo aiuta a contenere i costi, ma contribuisce anche alla sostenibilità, un valore sempre più rilevante nell'era moderna. L'installazione di sistemi di raccolta come grondaie, serbatoi e cisterne sotterranee può portare significativi benefici a lungo termine, garantendo risorse idriche in abbondanza durante le stagioni più secche.

In sintesi, la gestione ottimale dell'acqua nell'orto non riguarda solo l'irrigazione, ma anche l'approccio consapevole e sostenibile verso una risorsa che sta diventando sempre più rara. Le tecniche che abbiamo discusso offrono una combinazione di soluzioni pratiche e innovative, che ti permetteranno non solo di coltivare un orto sano e rigoglioso, ma anche di contribuire positivamente all'ambiente. L'adozione di sistemi di irrigazione efficaci, unita alla raccolta dell'acqua piovana, ti aiuterà a ottenere risultati concreti, migliorando la produttività del tuo orto e riducendo al minimo gli sprechi. Con una gestione attenta e intelligente dell'acqua, ogni orticoltore, dal principiante all'esperto, sarà in grado di creare un giardino prospero e sostenibile.

7.1 Prevenzione Naturale: Consociazioni e Piante Repellenti

La prevenzione naturale è uno degli approcci più efficaci ed ecologici per proteggere l'orto dai parassiti. Non solo riduce la necessità di interventi chimici, ma promuove un ambiente più equilibrato e sano, dove piante, insetti e altri organismi coesistono in armonia. In questo sottocapitolo, esploreremo due delle tecniche più potenti per prevenire infestazioni: la **consociazione** e l'uso di **piante repellenti**.

Consociazioni: La Strategia della Collaborazione

La consociazione è una pratica agricola che sfrutta le interazioni positive tra diverse piante, basata sulla capacità di alcune specie di proteggersi reciprocamente dai parassiti. Quando alcune piante sono coltivate insieme, esse possono rinforzarsi a vicenda, scoraggiare i parassiti o addirittura attrarre insetti benefici. Questo approccio è particolarmente utile per ridurre l'uso di pesticidi e per mantenere l'orto in salute.

Alcuni esempi classici di consociazioni sono:

- **Pomodori e basilico**: Il basilico è noto per la sua capacità di respingere i parassiti del pomodoro, come il **minatore del pomodoro**. Inoltre, il basilico attira insetti utili come le api, che aiutano la pollinizzazione. Inoltre, il suo aroma intenso disturba l'olfatto di molti insetti nocivi.

- **Carote e cipolle**: Le carote e le cipolle si proteggono reciprocamente dai rispettivi parassiti. Le cipolle, con il loro forte odore, tengono lontani i moscerini delle carote, mentre le carote aiutano a tenere lontano il parassita delle cipolle, la **mosca della cipolla**.

- **Fagioli e mais**: I fagioli crescono bene accanto al mais, poiché i fagioli sono in grado di arrampicarsi sui fusti del mais, risparmiando spazio e migliorando la produttività del terreno. Inoltre, i fagioli fissano l'azoto nel terreno, migliorando la qualità del suolo per altre colture. Il mais, a sua volta, fornisce supporto fisico e una certa ombra.

La consociazione non riguarda solo la protezione contro i parassiti, ma favorisce anche la biodiversità, la salute del suolo e il miglioramento del microclima. Quando pianifichi l'orto, prova a studiare le interazioni tra le piante, tenendo conto delle loro esigenze e delle potenzialità di alleanza.

Piante Repellenti: La Difesa Naturale

Un altro strumento di prevenzione naturale molto potente è l'uso di piante repellenti. Alcune piante, grazie ai loro odori intensi, secrezioni o altre caratteristiche, sono in grado di respingere i parassiti, proteggendo le coltivazioni vicine. Utilizzare piante con proprietà repellenti nel tuo orto è una soluzione semplice e a basso impatto che può fare una grande differenza.
Ecco alcune delle piante più comuni e utili come repellenti naturali:

- **Tagetes (Calendula)**: Questa pianta è molto popolare nell'orto grazie alla sua capacità di respingere parassiti come afidi, mosche bianche e nematodi. Le radici delle tagetes emettono sostanze chimiche che dissuadono i nematodi, che sono uno dei parassiti più dannosi per il suolo. Piantare tagetes intorno a colture come pomodori o melanzane aiuta a tenere lontano questi parassiti.

- **Lavanda**: La lavanda è un'altra pianta con un aroma forte che tiene lontani vari insetti, tra cui zanzare, mosche e falene. Inoltre, la lavanda è attraente per insetti utili, come le api, che contribuiranno alla pollinizzazione delle piante circostanti. Piantarla in prossimità delle coltivazioni è un ottimo modo per creare un ambiente protetto.

- **Rosmarino**: Il rosmarino è noto per le sue proprietà repellenti contro insetti come afidi, mosche, e punteruoli. La sua forte fragranza aiuta a mascherare gli odori che attirano i parassiti, agendo così come una barriera naturale. È particolarmente utile quando piantato vicino a carote, cavoli e altre piante vulnerabili.

- **Menta**: La menta è particolarmente efficace contro parassiti come formiche, mosche, zanzare e afidi. Tuttavia, è una pianta invasiva, quindi va coltivata in contenitori o in zone ben delimitate per evitare che si diffonda e prenda il sopravvento sulle altre coltivazioni.

- **Aglio**: L'aglio è una pianta dalle proprietà antifungine e antimicrobiche che tiene lontani una vasta gamma di parassiti, tra cui afidi, mosche, e persino alcuni roditori. È perfetto da piantare intorno a ortaggi come cavolfiori e broccoli.

L'uso di piante repellenti è una tecnica di protezione ecologica, che non solo aiuta a tenere lontani i parassiti, ma migliora anche l'estetica dell'orto, poiché molte di queste piante sono fiorite e aromatiche. Inoltre, le piante repellenti possono attrarre insetti benefici, come coccinelle e predatori naturali, che contribuiscono ulteriormente a mantenere l'ecosistema dell'orto sano e in equilibrio.

Sinergia tra Consociazioni e Piante Repellenti

Quando consociamo piante che si proteggono a vicenda e aggiungiamo piante repellenti strategicamente, otteniamo una protezione naturale ancora più forte. L'efficacia della consociazione è potenziata quando si utilizzano piante che svolgono una funzione repellente, creando un sistema di difesa biologica a più livelli.

In conclusione, la prevenzione naturale è una delle pratiche più efficaci ed ecologiche per proteggere il tuo orto dai parassiti. Utilizzando la consociazione e piantando piante con proprietà repellenti, non solo migliorerai la salute delle tue colture, ma creerai anche un ambiente più armonioso e sostenibile.

7.2 I Principali Nemici dell'Orto: Identificazione e Gestione

Ogni orto, che sia piccolo o grande, è un ecosistema vivente che attrae una varietà di creature. Mentre alcune sono benefiche per la coltivazione, altre possono rappresentare delle minacce reali per la salute delle tue piante. Questi "nemici" si nascondono tra le foglie, nel terreno e persino nell'aria, pronti a danneggiare il raccolto se non vengono identificati e gestiti correttamente. In questo sottocapitolo, esploreremo i principali parassiti e malattie che infestano l'orto, offrendoti una guida completa su come riconoscerli e gestirli in modo efficace e naturale.

Gli Insetti Nocivi: I Parassiti Più Comuni

Gli insetti sono tra i nemici più visibili e pericolosi per l'orto. I parassiti si nutrono delle piante, ma non solo: alcuni di essi sono anche vettori di malattie che possono compromettere l'intero raccolto. Ecco una panoramica dei parassiti più comuni e le modalità per combatterli.

- **Afidi**:
  Piccoli insetti verdi, neri o grigi che si concentrano sui germogli, sulle foglie e sulle radici. Gli afidi succhiano la linfa delle piante, indebolendole e provocando la deformazione delle foglie e la crescita stentata. Possono anche trasmettere virus come il mosaico del pomodoro. Il controllo degli afidi può essere effettuato con insetticidi naturali a base di sapone molle o oli essenziali di neem. L'introduzione di coccinelle, che sono predatori naturali degli afidi, è una soluzione ecologica.

- **Mosca della carota (Psila rosae)**:
  Questo insetto è particolarmente dannoso per le coltivazioni di carote, sedano e altre Apiacee. La mosca depone le uova sulle foglie delle piante e le larve che ne nascono scavano gallerie nelle radici, causando il deperimento delle colture. Un metodo preventivo consiste nella pacciamatura e nella rotazione delle colture, mentre, se l'infestazione è grave, l'uso di trappole adesive può essere efficace.

- **Coleotteri e punteruoli**:
  Tra i coleotteri più comuni troviamo il punteruolo del mais, che danneggia i semi, e il punteruolo del cavolo, che divora le foglie. I coleotteri possono essere combattuti manualmente, rimuovendoli dalle piante, oppure utilizzando insetticidi naturali a base di piretro o tramite l'uso di trappole.

- **Mosche bianche**:
  Questi insetti minacciano molte piante, tra cui pomodori, peperoni e cavoli. Si insediano sulla parte inferiore delle foglie e si nutrono della linfa, causando ingiallimento e indebolimento delle piante. La gestione della mosca bianca comprende la rimozione manuale degli insetti, l'uso di trappole cromatiche gialle e il trattamento con oli naturali come l'olio di neem.

I Parassiti del Suolo: Minacce Sottoterra

Non tutti i parassiti sono visibili sulla superficie delle piante. Molti si nascondono nel terreno, dove possono causare danni subdoli ma significativi. Ecco alcuni dei parassiti più temuti che agiscono sottoterra.

- **Nematodi**:
  Questi piccoli vermi microscopici si nutrono delle radici delle piante, causando danni strutturali che impediscono alle piante di assorbire acqua e nutrienti. I sintomi di un'infestazione da nematodi includono radici deperite, ingiallimento delle foglie e crescita stentata. Il controllo dei nematodi può essere effettuato con pratiche di rotazione delle colture e l'introduzione di piante nematocidiche, come la **maranta** o il **tagete**. L'uso di trappole biologiche e il mantenimento di un buon drenaggio sono essenziali per ridurre il rischio.

- **Lombrichi e insetti del suolo**:
  Sebbene i lombrichi siano generalmente benefici per il suolo, alcuni tipi di insetti e larve possono essere dannosi, soprattutto per le colture giovani. Questi insetti prediligono radici tenere e germogli freschi. Una buona pratica per la gestione di questi parassiti è l'adozione di una pacciamatura densa che impedisce ai parassiti di accedere facilmente al terreno.

Malattie Fungine: Un Nemico Invisibile ma Potente

Oltre ai parassiti, le malattie fungine rappresentano una minaccia significativa per l'orto. Questi patogeni sono spesso difficili da rilevare nei primi stadi di infestazione, ma possono causare danni irreversibili se non trattati tempestivamente.

- **Peronospora**:
  È una malattia fungina che colpisce principalmente le piante solanacee, come pomodori e melanzane, ma anche le lattughe.
  Si manifesta con macchie gialle o brune sulle foglie, che portano alla loro deformazione e caduta prematura. Per prevenire la peronospora, è fondamentale evitare di bagnare le foglie durante l'irrigazione e assicurarsi che le piante abbiano una buona circolazione d'aria.

- **Muffa grigia (Botrytis cinerea)**:
  Questo fungo attacca una vasta gamma di colture, compresi fragole, peperoni e pomodori. Si sviluppa in ambienti umidi e freddi, causando marciume e macchie grigie su frutti e foglie. Per combattere la muffa grigia, è utile rimuovere e distruggere le piante infette, migliorare il drenaggio e ridurre l'umidità nelle zone infestate.

- **Oidio**:
  Questa malattia fungina si manifesta con una polvere bianca che ricopre le foglie e i germogli, limitando la fotosintesi e indebolendo le piante. È particolarmente comune in condizioni di alta umidità. La prevenzione include l'uso di fungicidi naturali, come l'olio di neem o il bicarbonato di sodio, e il mantenimento di spazi ben ventilati per le piante.

Strategie di Gestione dei Parassiti

Ora che abbiamo esplorato i principali nemici dell'orto, è importante comprendere le migliori pratiche di gestione per prevenire o contenere questi parassiti:

- **Rotazione delle colture:**
  Cambiare annualmente la posizione delle colture impedisce la proliferazione dei parassiti che si sviluppano nel suolo, come i nematodi. Inoltre, favorisce la diversità del suolo, riducendo la pressione su piante specifiche.

- **Monitoraggio costante:**
  Osservare regolarmente le piante ti permette di individuare precocemente segni di infestazione, facilitando un intervento tempestivo.

- **Insetticidi naturali e biologici:**
  L'uso di prodotti ecologici come l'olio di neem, il sapone molle o il piretro aiuta a combattere i parassiti senza danneggiare l'ambiente o la biodiversità dell'orto.

- **Trappole:**
  Le trappole adesive, cromatiche o fai-da-te, possono essere utili per catturare insetti volanti come le mosche bianche e gli afidi.

In conclusione, una gestione efficace dei parassiti nell'orto è un processo continuo che richiede attenzione, pianificazione e l'adozione di pratiche sostenibili. Imparando a riconoscere i segnali di infestazione e intervenendo tempestivamente, potrai proteggere le tue coltivazioni in modo naturale ed ecologico, garantendo un raccolto sano e abbondante.

7.3 Preparare pesticidi naturali fatti in casa

La lotta contro i parassiti nell'orto può essere effettuata senza ricorrere a sostanze chimiche dannose per l'ambiente, la salute umana e gli animali. I pesticidi naturali fatti in casa sono una soluzione ecologica, economica e sicura per proteggere le colture, garantendo al contempo la sostenibilità del giardino o dell'orto. In questo sottocapitolo, esploreremo i vari pesticidi naturali che puoi preparare facilmente a casa, descrivendo i benefici di ciascuno e come utilizzarli al meglio.

Sapone di Marsiglia e acqua: un alleato contro gli afidi

Uno dei rimedi naturali più semplici e diffusi contro i parassiti, in particolare gli afidi, è la miscela di sapone di Marsiglia e acqua. Gli afidi sono insetti piccoli che succhiano la linfa dalle piante, indebolendole e favorendo la diffusione di malattie. Per creare un pesticida naturale efficace, basta seguire questa semplice ricetta:

- **Ingredienti**:
    - 2 cucchiai di sapone di Marsiglia (preferibilmente in scaglie)
    - 1 litro di acqua calda

- **Preparazione**:
    - Fai sciogliere il sapone di Marsiglia nell'acqua calda, mescolando bene fino a quando non si scioglie completamente.
    - Lascia raffreddare la soluzione.
    - Una volta fredda, versa la miscela in un flacone spray.

- **Utilizzo**: Spruzza la soluzione sulle foglie infestate, facendo attenzione a coprire bene la parte inferiore, dove spesso si annidano gli afidi. Ripeti l'applicazione ogni 4-5 giorni, soprattutto durante le stagioni calde e secche.

Il sapone di Marsiglia agisce distruggendo il rivestimento protettivo degli insetti, causando la loro disidratazione. È un rimedio delicato che non danneggia le piante, ma è letale per i parassiti.

Infuso di aglio: una protezione naturale contro i parassiti

L'aglio è un potente alleato contro molti tipi di parassiti, come le mosche bianche, le lumache, e persino alcuni funghi. Grazie alle sue proprietà antifungine e antibatteriche, l'aglio agisce come un repellente naturale che può proteggere le tue piante senza danneggiarle.

- **Ingredienti**:
    - 3-4 spicchi di aglio
    - 1 litro di acqua

- **Preparazione**:
    - Sbuccia gli spicchi d'aglio e tritali finemente o schiacciali con un coltello.
    - Fai bollire l'acqua e, una volta che raggiunge il punto di ebollizione, aggiungi l'aglio tritato.

- Lascia cuocere per circa 10-15 minuti.
- Togli la pentola dal fuoco e lascia raffreddare l'infuso.
- Filtra il liquido per rimuovere i residui solidi.

- **Utilizzo**: Versa l'infuso di aglio in uno spray e applicalo sulle piante, concentrandoti sulle zone più vulnerabili, come le foglie e i fusti. L'aglio, con il suo forte odore, respinge i parassiti e aiuta a prevenire le malattie fungine. Ripeti l'applicazione ogni settimana o ogni volta che le piante appaiono vulnerabili.

Infuso di ortica: un pesticida nutriente e repellente

L'ortica è una pianta che, sebbene possa sembrare una pianta "nociva" a prima vista, è un potente pesticida naturale, ideale per il controllo di parassiti come afidi, ragni rossi e mosche bianche. Inoltre, l'infuso di ortica fornisce alle piante anche un nutrimento ricco di azoto, favorendo la loro crescita.

- **Ingredienti**:
    - 1 kg di ortica fresca
    - 10 litri di acqua

- **Preparazione**:
    - Raccogli le ortiche fresche (indossa i guanti per proteggerti dalle punture).
    - Metti le ortiche in un secchio o in un contenitore di plastica e coprile con i 10 litri di acqua.
    - Lascia il composto in macerazione per circa 7-10 giorni. Ogni giorno, mescola il liquido per favorire il rilascio dei nutrienti.
    - Una volta che il liquido ha acquisito un colore scuro e un odore pungente, filtralo per rimuovere le particelle solide.

- **Utilizzo**: Versa l'infuso in uno spray e applicalo sulle piante, cercando di coprire bene tutte le foglie e i gambi. L'infuso di ortica non solo respinge i parassiti, ma rinforza anche le difese naturali delle piante, stimolando la produzione di clorofilla.

Cipolla e peperoncino: un mix potente contro i parassiti

Un altro pesticida naturale molto potente si ottiene combinando cipolla e peperoncino, due ingredienti che hanno forti proprietà repellenti contro una varietà di insetti, tra cui afidi, mosche bianche, e anche le cavallette. Questo rimedio è particolarmente utile in caso di infestazioni gravi.

- **Ingredienti**:
    - 1 cipolla grande
    - 2 peperoncini freschi
    - 1 litro di acqua

- **Preparazione**:
    - Sbuccia la cipolla e tagliala a pezzetti.
    - Metti la cipolla e i peperoncini (che dovrebbero essere tagliati a metà) in un frullatore

insieme all'acqua.
- Frulla il tutto fino a ottenere una pasta omogenea.
- Filtra il liquido per separare le parti solide.

- **Utilizzo**: Spruzza la miscela sulle piante, concentrandoti sulle zone più infestate. Il composto agisce come un repellente forte contro i parassiti, allontanandoli grazie al sapore piccante e all'odore pungente della cipolla e del peperoncino. Questa soluzione è particolarmente utile per tenere lontani gli insetti volanti e per proteggere le piante da eventuali attacchi di muffa o malattie fungine.

Bicarbonato di sodio: per combattere la muffa e altre malattie fungine

Il bicarbonato di sodio è un ingrediente versatile e naturale che può essere usato per contrastare la diffusione della muffa e di altri funghi nelle piante. La sua azione alcalina altera l'ambiente, impedendo la crescita di funghi patogeni.

- **Ingredienti**:
  - 1 cucchiaio di bicarbonato di sodio
  - 1 litro di acqua

- **Preparazione**:
  - Sciogli il bicarbonato di sodio in un litro di acqua.
  - Mescola bene fino a completa dissoluzione.

- **Utilizzo**: Spruzza la soluzione sulle piante colpite dalla muffa. Ripeti l'applicazione ogni settimana o dopo ogni pioggia, poiché l'efficacia del bicarbonato di sodio può diminuire con l'umidità.

Conclusioni

Preparare pesticidi naturali fatti in casa è un modo efficace e sicuro per proteggere l'orto dai parassiti senza l'uso di sostanze chimiche dannose. Oltre a essere economici, questi rimedi sono facilmente reperibili e facili da preparare, consentendo a chiunque di prendersi cura del proprio giardino in modo ecologico. Ricordati, però, che la prevenzione e la cura costante sono fondamentali per mantenere l'orto sano e produttivo.

Conclusione del Capitolo 7: Protezione dell'Orto dai Parassiti

La protezione dell'orto dai parassiti è una parte fondamentale per garantire una coltivazione sana e abbondante. Come abbiamo visto nel corso di questo capitolo, esistono numerosi metodi naturali e sostenibili per prevenire e gestire le infestazioni, riducendo al minimo l'uso di pesticidi chimici dannosi per l'ambiente e la salute. La scelta di soluzioni ecologiche, come l'utilizzo di consociazioni, piante repellenti e pesticidi naturali fatti in casa, non solo protegge le piante, ma aiuta anche a mantenere l'equilibrio biologico nell'orto, favorendo un ecosistema sano e resiliente. La prevenzione, come abbiamo esplorato, gioca un ruolo cruciale nel proteggere le coltivazioni fin dall'inizio. Tecniche come le consociazioni di piante che si difendono a vicenda e l'impiego di specie repellenti per insetti sono un'arma potente contro molti parassiti comuni. Le piante aromatiche, ad esempio, non solo arricchiscono i tuoi piatti, ma possono anche fungere da scudo naturale contro gli insetti indesiderati.

Inoltre, conoscere i principali nemici dell'orto è fondamentale per identificare tempestivamente un'infestazione e agire in maniera mirata. Non tutti i parassiti sono dannosi allo stesso modo, e sapere come e quando intervenire può fare la differenza tra una pianta che si riprende velocemente e una che subisce danni irreparabili.

Infine, la preparazione di pesticidi naturali fatti in casa rappresenta una soluzione economica, efficace e sicura. Ingredienti facilmente reperibili come l'aglio, l'ortica, il sapone di Marsiglia e il bicarbonato di sodio offrono rimedi pratici e potenti per combattere i parassiti in modo ecologico. Questi rimedi, oltre a proteggere le tue colture, ti permettono di ridurre l'impatto ambientale, poiché sono biodegradabili e non tossici.

In sintesi, la protezione dell'orto dai parassiti non richiede necessariamente l'uso di sostanze chimiche aggressive, ma può essere affrontata con soluzioni naturali che rispettano l'ambiente e favoriscono una produzione alimentare sana. Mantenendo una buona gestione dei parassiti, potrai godere di un raccolto abbondante, sano e sicuro, rispettando il principio della sostenibilità e della cura per la natura.

Introduzione del Capitolo 8: Manutenzione e Cura dell'Orto

Una volta completata la fase di pianificazione, semina e protezione dell'orto, la cura costante e la manutenzione sono le chiavi per garantire una crescita sana e rigogliosa delle piante. Il capitolo 8, dedicato alla manutenzione e cura dell'orto, si concentra su tutte quelle operazioni quotidiane e periodiche che permettono di ottenere un raccolto abbondante e di qualità, senza tralasciare la salute del suolo e delle piante.

La manutenzione dell'orto non si limita solo al controllo dei parassiti o alla gestione dell'irrigazione, ma comprende anche attività essenziali come la potatura, la raccolta tempestiva dei frutti e la cura del terreno. Ogni aspetto della vita dell'orto richiede attenzione, affinché le piante possano crescere al meglio. La cura del suolo, ad esempio, è cruciale per mantenere l'ecosistema dell'orto in equilibrio: un terreno sano e ben gestito favorisce la crescita delle radici, la disponibilità di nutrienti e la resistenza delle piante alle malattie.

Inoltre, la gestione dell'irrigazione gioca un ruolo determinante nel mantenimento della salute delle piante, poiché un eccesso o una carenza d'acqua può compromettere la produttività e la resistenza delle coltivazioni. La manutenzione include anche l'adozione di tecniche di pacciamatura per proteggere il suolo dall'erosione e per migliorare la sua capacità di trattenere l'umidità.

La cura dell'orto è un impegno che dura per tutta la stagione, e la costanza è fondamentale per ottenere risultati positivi. La potatura delle piante, ad esempio, è un'operazione che va fatta con attenzione, poiché una potatura errata può indebolire la pianta. La raccolta tempestiva dei frutti, al contrario, stimola nuove fioriture e prolunga la stagione di crescita. Inoltre, monitorare regolarmente la salute delle piante permette di individuare precocemente eventuali malattie o carenze nutrizionali, permettendo di intervenire prontamente.

In questo capitolo esploreremo nel dettaglio tutte le attività necessarie per mantenere un orto in salute durante tutta la stagione. Tratteremo degli strumenti indispensabili per la manutenzione, delle tecniche di irrigazione e fertilizzazione, della potatura e delle strategie per mantenere il suolo fertile e produttivo. La manutenzione dell'orto è un viaggio che richiede pazienza e dedizione, ma i frutti di tanto impegno saranno ben visibili nella bellezza e nella qualità delle coltivazioni. Con le giuste tecniche, ogni giardiniere, anche alle prime armi, può diventare un esperto nella cura dell'orto.

Sottocapitolo 8.1: La Rotazione delle Colture: Migliorare la Fertilità del Terreno

La rotazione delle colture è una delle pratiche fondamentali per garantire la salute e la fertilità del terreno nell'orto. Sebbene molte persone pensano che il segreto per un orto prospero risieda solo nella scelta delle piante giuste, in realtà, uno degli aspetti più cruciali della cura dell'orto è la gestione intelligente del suolo. La rotazione delle colture non solo migliora la qualità del terreno, ma aiuta anche a prevenire malattie e parassiti, ridurre l'affaticamento del suolo e ottimizzare l'uso dei nutrienti.

Cos'è la rotazione delle colture e perché è importante

La rotazione delle colture consiste nel cambiare la posizione delle diverse piante nell'orto ogni anno, anziché piantare le stesse colture nello stesso posto ogni stagione. Questo processo permette di evitare che il terreno si impoverisca di specifici nutrienti che una determinata pianta consuma in quantità maggiori. Ogni tipo di pianta, infatti, ha esigenze diverse in termini di nutrienti, quindi alternando le colture si permette al suolo di "riposarsi" da certi tipi di richiesta, evitando l'esaurimento di specifici minerali e migliorando la fertilità complessiva.

Inoltre, la rotazione favorisce la prevenzione naturale di malattie e infestazioni. Ogni pianta ha i propri parassiti e patogeni, che tendono a svilupparsi e proliferare se si pianta la stessa specie nello stesso posto anno dopo anno. Alternando le colture, si interrompe il ciclo vitale di questi organismi dannosi, riducendo la necessità di trattamenti chimici e migliorando la salute complessiva dell'orto.

Come pianificare la rotazione delle colture

La pianificazione della rotazione delle colture dipende dal tipo di orto che hai e dalle piante che intendi coltivare. Una rotazione ben progettata si basa su un principio semplice: alternare piante che appartengono a famiglie diverse. Le famiglie botaniche hanno bisogni simili di nutrienti, e se pianti lo stesso tipo di coltura nello stesso posto per più anni consecutivi, il suolo tenderà a impoverirsi proprio di quei nutrienti.

Le principali famiglie di piante da considerare nella rotazione includono:

- **Leguminose (piselli, fagioli, soia):**
  Queste piante hanno la capacità di fissare l'azoto nell'atmosfera e arricchire il terreno, quindi sono molto utili in un ciclo di rotazione per migliorare la fertilità.

- **Solanacee (pomodori, peperoni, melanzane):**
  Queste piante sono piuttosto esigenti in termini di nutrienti, soprattutto potassio, e tendono ad esaurire rapidamente il suolo.

- **Cucurbitacee (zucchine, cetrioli, meloni):**
  Richiedono molto spazio e tendono a consumare una buona quantità di acqua e nutrienti, quindi dovrebbero essere alternate con piante che non consumano gli stessi elementi.

- **Crucifere (cavoli, broccoli, ravanelli):**
  Queste piante sono ottime per la rotazione poiché non esauriscono il terreno in modo aggressivo e sono particolarmente adatte a migliorare la struttura del suolo.

Un buon piano di rotazione potrebbe essere un ciclo triennale o quadriennale, in cui le piante vengono alternate in modo da distribuire uniformemente la domanda di nutrienti e ridurre il rischio di malattie.

Benefici della rotazione delle colture

1. **Prevenzione delle malattie e dei parassiti**:
   Come accennato, la rotazione riduce l'accumulo di patogeni e insetti che si specializzano in una determinata coltura. Per esempio, il pomodoro è molto vulnerabile al marciume apicale e ad altre malattie fungine che possono accumularsi nel terreno se piantato nello stesso posto ogni anno. Alternando con altre colture, questo rischio diminuisce significativamente.

2. **Miglioramento della fertilità del suolo**:
   L'alternanza tra colture che arricchiscono il terreno (come le leguminose) e quelle che consumano più nutrienti (come le solanacee) crea un equilibrio che aiuta a mantenere una buona fertilità del suolo. Le leguminose, in particolare, sono un "fertilizzante naturale", poiché fissano l'azoto nell'atmosfera e lo immagazzinano nelle loro radici, rendendolo disponibile per le piante successive.

3. **Miglioramento della struttura del suolo**:
   Alcune piante, come i ravanelli o le piante da radice, hanno radici che penetrano profondamente nel terreno, creando canali per l'aria e l'acqua. La rotazione tra colture da radice e colture superficiali aiuta a mantenere il suolo aerato, prevenendo la compattazione.

4. **Ottimizzazione dell'uso delle risorse**:
   La rotazione permette di utilizzare in modo più efficiente le risorse naturali, come l'acqua e i nutrienti del suolo. Ad esempio, piante diverse hanno radici a profondità diverse, il che significa che l'acqua e i nutrienti vengono assorbiti in modo più equilibrato, riducendo la competizione tra le piante e migliorando l'efficienza dell'irrigazione.

Come implementare la rotazione delle colture nel tuo orto

Per applicare la rotazione delle colture nel tuo orto, puoi iniziare dividendo l'area totale in sezioni. Ogni anno, pianta diverse famiglie di piante in ciascuna sezione, mantenendo traccia di dove sono state piantate le colture l'anno precedente. Un modo semplice per farlo è creare un piano a colori del tuo orto, dove ogni colore rappresenta una famiglia botanica. Successivamente, l'anno successivo, sposta ciascuna pianta nella sezione successiva. In questo modo, ogni famiglia di piante avrà accesso a suoli diversi, prevenendo l'esaurimento delle risorse e mantenendo il terreno fertile.

Conclusione

La rotazione delle colture è una pratica essenziale per ogni orticoltore che desideri mantenere il suolo fertile, sano e produttivo. Non solo aiuta a prevenire le malattie e a migliorare la qualità del terreno, ma contribuisce anche a un ciclo agricolo più sostenibile e naturale. Se adottata correttamente, la rotazione delle colture può essere la chiave per un orto prospero, che continua a produrre raccolti abbondanti anno dopo anno senza compromettere la salute del suolo o l'ambiente circostante.

Sottocapitolo 8.2: Riconoscere e Correggere le Carenze Nutritive delle Piante

La gestione corretta della fertilità del suolo e la nutrizione delle piante sono essenziali per ottenere ortaggi e piante sane. Quando una pianta soffre di carenze nutrizionali, la crescita può essere compromessa, i frutti possono svilupparsi male e la pianta può diventare più suscettibile a malattie e parassiti. Riconoscere precocemente le carenze e sapere come correggerle è cruciale per mantenere un orto sano e produttivo. In questo sottocapitolo esploreremo come identificare i segni di carenze nutrizionali nelle piante e quali interventi adottare per correggerle.

Carenze di nutrienti: come riconoscerle

Ogni pianta ha bisogno di una varietà di nutrienti per crescere correttamente, ma i più importanti sono i macronutrienti (azoto, fosforo, potassio) e i micronutrienti (ferro, magnesio, calcio, zolfo, manganese, ecc.). Le carenze nutrizionali possono manifestarsi in vari modi, tra cui cambiamenti nel colore delle foglie, crescita stentata, sviluppo incompleto dei frutti e deformazioni.

- ### Carenza di azoto (N):
  L'azoto è un nutriente essenziale per la crescita delle piante, poiché contribuisce alla formazione delle proteine e al verde delle foglie. Quando una pianta ha carenza di azoto, le foglie più basse tendono a ingiallirsi (clorosi) e la crescita della pianta rallenta. Le piante appaiono più piccole e meno rigogliose, e i germogli nuovi possono svilupparsi deboli.

  #### Correzione:
  Per correggere la carenza di azoto, puoi utilizzare fertilizzanti azotati come il letame, il compost o concimi specifici ricchi di azoto (ad esempio, urea o nitrato di ammonio). Anche le leguminose, come fagioli e piselli, possono essere piantate in rotazione per arricchire naturalmente il terreno di azoto.

- ### Carenza di fosforo (P):
  Il fosforo è cruciale per lo sviluppo delle radici e la fioritura delle piante. Una carenza di fosforo si manifesta con una crescita stentata, foglie di colore verde scuro o violaceo e, talvolta, macchie necrotiche sui bordi delle foglie. Inoltre, la pianta può faticare a sviluppare radici forti, limitando la sua capacità di assorbire altri nutrienti.

  #### Correzione:
  Il fosforo può essere fornito con concimi ricchi di fosfati, come il fosfato di roccia o il guano. Se la carenza è grave, una soluzione organica può essere l'uso di compost ricco di materia organica o letame ben maturo.

- ### Carenza di potassio (K):
  Il potassio è essenziale per la fotosintesi, la resistenza alle malattie e la formazione di frutti e fiori. Le piante con carenza di potassio tendono ad avere foglie con bordi bruciati, che diventano marroni o gialli. Le piante possono anche essere più vulnerabili allo stress da siccità e alle malattie.

  #### Correzione:
  Per correggere una carenza di potassio, si può usare il solfato di potassio o il cloruro di potassio. Il letame e il compost possono anche contenere buone quantità di potassio, ma se la carenza è significativa, è consigliato un intervento diretto.

- ### Carenza di ferro (Fe):
  Il ferro è fondamentale per la produzione di clorofilla, e la sua carenza causa la clorosi, una condizione in cui le foglie ingialliscono, specialmente nelle giovani foglie e nei germogli, mentre le nervature rimangono verdi. La carenza di ferro è più comune nei terreni con pH elevato (alcalini).
  ### Correzione:
  L'applicazione di ferro chelato, un fertilizzante facilmente assorbibile dalle radici, può correggere rapidamente questa carenza. Un altro rimedio è l'aggiunta di letame ben maturo, che può contenere ferro in forme più disponibili per le piante.

- ### Carenza di magnesio (Mg):
  Il magnesio è un componente centrale della clorofilla e favorisce la fotosintesi. La carenza di magnesio si manifesta con l'ingiallimento tra le nervature delle foglie (clorosi interveinale), soprattutto nelle foglie più basse. La pianta può sembrare debole e la crescita può rallentare.

  ### Correzione:
  Per correggere la carenza di magnesio, si può aggiungere solfato di magnesio (Epsom salt) al terreno o applicare compost ricco di magnesio. In alternativa, l'uso di fertilizzanti naturali come il letame di cavallo o le foglie di compost possono aiutare a reintegrare questo nutriente.

- ### Carenza di calcio (Ca):
  Il calcio è essenziale per la formazione delle pareti cellulari e per la resistenza delle piante alle malattie. Una carenza di calcio può causare la marciatura apicale nei pomodori e nei peperoni, con macchie scure che si sviluppano alla base dei frutti. La carenza di calcio può anche portare a foglie deformate e crescita stentata.

  ### Correzione:
  La carenza di calcio può essere corretta aggiungendo calcare dolce o polvere di gusci di uovo schiacciati al terreno, che contribuiscono ad aumentare il pH e a rifornire il suolo di calcio. È importante evitare di usare calce troppo rapidamente, poiché un incremento troppo rapido del pH può causare ulteriori squilibri nei nutrienti.

Come prevenire le carenze nutrizionali

La prevenzione è sempre meglio della cura, e questo è particolarmente vero per la nutrizione delle piante. Per evitare le carenze, è fondamentale:

- **Testare regolarmente il terreno**: I test del terreno ti aiuteranno a monitorare i livelli di nutrienti e il pH, così potrai applicare correttivi solo quando necessario.

- **Compostare e fertilizzare regolarmente**: Un buon compost arricchisce il terreno con un mix equilibrato di nutrienti e può essere aggiunto regolarmente per migliorare la qualità del suolo.

- **Incorporare il letame:** Il letame ben maturo è una risorsa preziosa per aggiungere sostanze nutritive al terreno e migliorare la sua struttura.

- **Utilizzare la pacciamatura**: La pacciamatura aiuta a mantenere l'umidità nel terreno e a ridurre la competizione tra le piante per i nutrienti, favorendo una crescita sana

Conclusione

Riconoscere le carenze nutritive e intervenire tempestivamente è un passo fondamentale per garantire che le piante del tuo orto crescano forti e produttive. Comprendere i segni di carenze di nutrienti e sapere come correggerli con metodi naturali non solo migliora la salute delle piante, ma contribuisce a un orto più sostenibile e produttivo. La cura del terreno e l'uso di fertilizzanti organici permettono di mantenere il suolo fertile, promuovendo la salute delle piante e, di conseguenza, migliorando i raccolti.

Sottocapitolo 8.3: Come affrontare le stagioni: l'orto in estate e inverno

Gestire un orto durante tutto l'anno richiede una buona pianificazione e una comprensione delle sfide che ogni stagione porta con sé. In questo sottocapitolo, esploreremo come affrontare al meglio le stagioni più critiche per l'orto: l'estate e l'inverno, ognuna con le sue esigenze e peculiarità. Saper adattare le pratiche orticole alle condizioni stagionali non solo migliora la salute delle piante, ma assicura anche raccolti abbondanti e di qualità.

L'orto in estate: affrontare il caldo e la siccità

L'estate rappresenta una stagione di crescita intensa, ma comporta anche sfide come l'eccesso di calore e la possibile scarsità di acqua. Le alte temperature possono infatti stressare le piante, rallentando la crescita, favorendo la comparsa di parassiti e malattie, e peggiorando la qualità dei raccolti. Ecco come affrontare al meglio l'estate nell'orto:

- **Irrigazione adeguata:**
  Il principale fattore critico per le piante durante l'estate è l'acqua. Le alte temperature e l'eventuale mancanza di piogge possono causare stress idrico. È fondamentale fornire acqua in modo regolare, evitando tuttavia i ristagni che possono portare alla formazione di muffe e marciumi radicali.

- **Sistemi di irrigazione:** come quella a goccia sono ideali, poiché forniscono acqua direttamente alle radici senza sprechi. Se non si dispone di un sistema di irrigazione automatizzato, l'irrigazione al mattino presto o alla sera è preferibile per ridurre l'evaporazione.

- **Pacciamatura**: Una copertura di pacciamatura (paglia, foglie secche, cartone) aiuta a mantenere l'umidità nel terreno, a ridurre la crescita delle erbe infestanti e a proteggere le radici dal caldo intenso.

- **Protezione dal calore eccessivo:**
  Durante le giornate più calde, l'orto può soffrire per l'eccessivo calore. Alcuni ortaggi, come

pomodori e peperoni, non amano temperature troppo elevate, e possono rallentare la crescita o addirittura morire se esposti a un calore estremo.

- **Ombreggiatura naturale**: Utilizzare reti ombreggianti o teli di juta per creare zone d'ombra può essere molto utile. Inoltre, la presenza di piante alte o cespugliose che forniscono ombra può proteggere ortaggi più sensibili.

- **Scelta delle piante**: In estate, è consigliabile coltivare varietà resistenti al caldo, come pomodori resistenti alla siccità, zucchine e fagioli, che tollerano meglio il caldo estivo.

- **Controllo di parassiti e malattie:**
  Il caldo e l'umidità estiva favoriscono la proliferazione di parassiti come afidi, mosche bianche e ragnetti rossi, così come di malattie fungine. Per contrastare queste problematiche, è importante mantenere l'orto pulito, rimuovendo le piante malate e ispezionando frequentemente le coltivazioni.

- **Trattamenti naturali** come il sapone di Marsiglia diluito, l'olio di neem e l'infuso di aglio o ortica sono ottimi per proteggere le piante senza ricorrere a pesticidi chimici.

- **Rotazione delle colture**: La rotazione delle colture è una pratica fondamentale per prevenire l'accumulo di parassiti specifici e malattie legate alle piante di una determinata famiglia.

L'orto in inverno: protezione dal freddo e preparazione per la primavera

L'inverno rappresenta una sfida per l'orto, poiché le basse temperature rallentano o arrestano la crescita delle piante. Tuttavia, con le giuste strategie, è possibile mantenere un orto produttivo anche in inverno e prepararsi per la stagione successiva.

- **Protezione dalle gelate:**
  Le gelate notturne e le temperature sotto lo zero possono danneggiare irreparabilmente molte piante. Alcune, come cavoli, verze e cipolle, sono resistenti al freddo, ma altre, come pomodori, peperoni e melanzane, non lo sopportano.

- **Teli e coperture invernali**:
  Utilizzare teli in tessuto non tessuto (TNT) o plastica trasparente per coprire le piante più delicate durante le notti più fredde. Questi materiali proteggono dalle gelate senza impedire la circolazione dell'aria.

- **Serre e tunnel**:
  Se hai spazio, l'uso di una serra o di un tunnel di plastica permette di estendere la stagione di crescita e proteggere le piante dal freddo intenso, offrendo anche un microclima più favorevole.

- **Sovescio e fertilizzazione del terreno:**
  L'inverno è il momento ideale per preparare il terreno per la prossima stagione di coltivazioni. Il sovescio, cioè l'interramento di piante che arricchiscono il terreno di

nutrienti, come il trifoglio o la veccia, è una pratica eccellente per migliorare la struttura del suolo e aumentare la disponibilità di azoto.

- **Compostaggio invernale**:
  Aggiungere compost maturo al terreno durante l'inverno aiuta a nutrire il suolo e a mantenerlo fertile per la primavera. Questo arricchisce il terreno di materia organica e migliora la sua capacità di trattenere l'umidità.

- **Concimazioni leggere**:
  Durante i mesi più freddi, si può somministrare un concime organico a lento rilascio, che garantirà alle piante un apporto graduale di nutrienti appena arriverà la stagione primaverile.

- **Colture invernali:**
  Anche durante l'inverno, alcune piante possono essere coltivate con successo, soprattutto se protette dal freddo. Alcuni ortaggi come cavolo, cipolle, aglio, spinaci e rape sono ideali per la coltivazione invernale.

- **Colture invernali a basso impatto**:
  Piantare ortaggi resistenti al freddo consente di ottenere raccolti freschi anche durante l'inverno, migliorando l'autosufficienza alimentare. Le coltivazioni sotto i tunnel possono permettere la crescita anche di verdure come lattuga e rucola.

Conclusione
Affrontare le stagioni con consapevolezza e strategia è essenziale per mantenere un orto sano e produttivo. L'estate richiede una gestione attenta dell'irrigazione, delle temperature e dei parassiti, mentre l'inverno è il momento di proteggere le piante dal freddo, arricchire il suolo e pianificare per la prossima stagione. Con un po' di cura e attenzione, è possibile coltivare ortaggi per quasi tutto l'anno, ottimizzando i raccolti e assicurando una produzione continua. Il segreto è adattarsi ai cambiamenti stagionali e scegliere le pratiche più adatte per ogni periodo dell'anno.

Conclusione del Capitolo 8: Manutenzione e cura dell'orto

La manutenzione e la cura dell'orto sono aspetti fondamentali per ottenere raccolti sani e abbondanti. Durante l'intero ciclo di vita dell'orto, ogni fase richiede attenzione e interventi mirati che garantiscano il benessere delle piante e la produttività del suolo.

Come abbiamo visto, la rotazione delle colture è uno strumento indispensabile per mantenere la fertilità del terreno, evitando l'esaurimento delle risorse naturali e riducendo il rischio di malattie e parassiti. Saper riconoscere e correggere le carenze nutritive permette di intervenire tempestivamente, fornendo alle piante i nutrienti necessari per crescere forti e vigorose. Inoltre, affrontare le stagioni con consapevolezza e preparazione è essenziale: ogni stagione porta con sé sfide specifiche, ma anche opportunità per ottimizzare la produzione agricola.

In estate, la gestione delle alte temperature e la corretta irrigazione sono cruciali per evitare lo stress idrico e garantire una crescita sana delle piante. D'altra parte, l'inverno non deve essere visto come un periodo di inattività, ma come un'opportunità per migliorare il terreno e proteggere le piante più vulnerabili. L'uso di teli protettivi, il sovescio e il compostaggio sono solo alcune delle pratiche che ci permettono di prepararci per la stagione successiva.

In sintesi, la cura dell'orto non si limita alla semina e alla raccolta, ma implica un lavoro costante di monitoraggio, manutenzione e adattamento. Le tecniche di rotazione delle colture, la gestione dei nutrienti e l'affrontare le diverse stagioni con strategie appropriate sono tutti fattori che contribuiscono al successo dell'orto. Con impegno e dedizione, un orto ben curato non solo produrrà ortaggi di qualità, ma diventerà anche un luogo di soddisfazione e di piacere, che arricchirà la nostra vita quotidiana con i suoi frutti.

Capitolo 9: Raccolta e conservazione dei raccolti

La raccolta dei frutti del proprio orto è il culmine del lavoro svolto durante tutto l'anno e un momento di grande soddisfazione. Tuttavia, la raccolta non è solo una fase finale, ma richiede una conoscenza approfondita delle piante, dei tempi giusti per la raccolta e delle tecniche migliori per preservare la qualità dei prodotti. Un raccolto mal gestito può compromettere la qualità degli ortaggi e ridurre la durata della loro conservazione. Pertanto, un approccio attento e consapevole alla raccolta e alla conservazione è essenziale per ottenere il massimo da ogni pianta.

In questo capitolo, esploreremo le migliori pratiche per raccogliere i vari tipi di ortaggi, tenendo conto delle caratteristiche di ciascuna coltura e dei tempi di maturazione. Conoscerai anche le tecniche per riconoscere il momento ottimale di raccolta, evitando di raccogliere troppo presto o troppo tardi, il che potrebbe compromettere il sapore, la consistenza e la conservabilità dei prodotti.

Una parte fondamentale della raccolta riguarda anche la conservazione, che consente di prolungare la durata dei raccolti, evitando che vadano sprecati. Le tecniche di conservazione possono variare a seconda del tipo di ortaggio e delle condizioni climatiche, ma l'obiettivo comune è quello di mantenere intatti i nutrienti e il sapore dei prodotti, per poterli gustare anche dopo che la stagione di crescita è terminata. In questo capitolo, vedremo come conservare i raccolti tramite metodi naturali, come la conservazione in fresco, l'essiccazione, la congelazione e la preparazione di conserve.

Imparare a raccogliere e conservare correttamente i prodotti del proprio orto non solo permette di ottenere una maggiore soddisfazione dalla propria attività agricola, ma aiuta anche a ridurre gli sprechi alimentari, a sfruttare appieno i benefici dell'autoproduzione e a godere dei frutti del proprio lavoro per tutto l'anno. Con una gestione attenta e alcune tecniche semplici ma efficaci, ogni giardino può diventare una fonte inesauribile di risorse alimentari fresche e sane.

Sottocapitolo 9.1: Come raccogliere i diversi ortaggi: tecniche e tempistiche

La raccolta degli ortaggi è una fase cruciale del processo agricolo, in quanto determina non solo la qualità del prodotto finale, ma anche la possibilità di conservare correttamente i frutti della propria fatica. Ogni tipo di ortaggio ha i suoi tempi e modi di raccolta, e imparare a riconoscerli è essenziale per ottenere il massimo dalla propria coltivazione. Di seguito, esploreremo nel dettaglio come e quando raccogliere i principali ortaggi del tuo orto, affinché possano essere gustati al meglio e possano essere conservati con efficacia.

Insalate e verdure a foglia

Le insalate e le verdure a foglia (come lattuga, spinaci, bietole) sono tra i primi ortaggi che vengono raccolti, generalmente nei primi mesi della stagione di crescita. Queste piante vanno raccolte prima che raggiungano la fase di fioritura, poiché una volta fiorite tendono a diventare amare e meno piacevoli al gusto.

- **Quando raccogliere:** In genere, le foglie di lattuga e spinaci sono pronte per essere raccolte quando sono abbastanza grandi per essere consumate, ma ancora giovani e tenere. La raccolta può avvenire sia selettivamente, prelevando solo le foglie esterne, che in modo totale, tagliando l'intera pianta alla base.

- **Come raccogliere:** Utilizza una cesoia ben affilata o, nel caso di piccole quantità, le mani per strappare le foglie. Evita di danneggiare la pianta se intendi lasciare alcune foglie per favorire una crescita successiva.

Pomodori

I pomodori sono uno degli ortaggi più amati e più facili da coltivare, ma la raccolta richiede attenzione al momento giusto.

- **Quando raccogliere:** I pomodori sono pronti per essere raccolti quando sono completamente maturi e colorati. Tuttavia, in alcune regioni, è possibile raccogliere i pomodori anche quando sono ancora parzialmente verdi e lasciarli maturare all'interno. In genere, il frutto deve essere morbido al tatto ma non troppo molle. Un pomodoro maturo è di colore rosso brillante (o giallo, arancione, a seconda della varietà) e ha un aroma intenso.

- **Come raccogliere:** Afferrando il pomodoro alla base, vicino al picciolo, evita di danneggiare la pianta strappando il frutto. In caso di piante alte, puoi usare un bastone o una scala per raggiungere i frutti più alti. Se i pomodori sono destinati alla conservazione, raccoglili leggermente non perfettamente maturi e lasciali maturare fuori dal sole.

Zucchine:
Le zucchine sono ortaggi che si raccolgono in un breve lasso di tempo, e la tempistica è fondamentale per ottenere una buona qualità del frutto.

- **Quando raccogliere**: Le zucchine sono pronte per essere raccolte quando hanno raggiunto una dimensione adeguata, generalmente tra i 15 e i 25 cm di lunghezza, e sono ancora tenere. Non lasciare che diventino troppo grandi, poiché perderanno in sapore e consistenza. Le zucchine troppo mature possono anche diventare legnose e difficili da mangiare.

- **Come raccogliere**: Utilizza un coltello affilato o delle forbici per tagliare il frutto dalla pianta, facendo attenzione a non danneggiare gli altri fiori o ortaggi vicini. Se le piante sono vigorose e producono molti frutti, è consigliabile raccogliere frequentemente per stimolare una nuova fioritura.

Carote e radici
Le carote, come altre piante a radice, richiedono una tecnica di raccolta che eviti di danneggiare la parte commestibile sotterranea.

- **Quando raccogliere**: Le carote sono pronte per essere raccolte quando la radice ha raggiunto la dimensione desiderata (generalmente 2-3 cm di diametro), ma ancora prima che la pianta inizi a fiorire. Per sapere se le carote sono pronte, si può cercare di sollevarne una dalla terra con una mano, controllando se ha la dimensione giusta.

- **Come raccogliere**: Per raccogliere le carote senza danneggiarle, è bene usare una forca o una vanga per allentare il terreno intorno alla radice, in modo che possa essere estratta senza sforzi eccessivi. Fai attenzione a non rompere la radice durante il processo.

Fagioli e legumi
I legumi come i fagioli e i piselli sono molto facili da raccogliere, ma bisogna rispettare i tempi giusti per evitare che i semi si asciughino troppo o che i baccelli diventino troppo legnosi.

- **Quando raccogliere**: I fagioli e piselli sono pronti per essere raccolti quando i baccelli sono pieni e ben maturi, ma non ancora troppo secchi. Se i baccelli sono troppo secchi, il seme all'interno potrebbe risultare troppo duro.

- **Come raccogliere**: Raccogli i baccelli tagliandoli delicatamente dalla pianta o staccandoli a mano, facendo attenzione a non danneggiare gli steli o altre piante. Se i baccelli sono molto maturi, conviene raccoglierli e lasciarli asciugare all'interno prima di sgranare i semi.

Conclusioni sulla raccolta degli ortaggi

La raccolta è una fase delicata che richiede attenzione ai dettagli, rispetto per i tempi naturali di maturazione e tecniche appropriate per ciascun tipo di ortaggio. Conoscere i segnali di maturazione e utilizzare gli strumenti giusti non solo permette di ottenere ortaggi più gustosi e nutrienti, ma facilita anche la conservazione a lungo termine. Raccogliere regolarmente e nel momento giusto aiuta a stimolare nuove produzioni e garantisce una continua offerta di freschezza dal proprio orto.

Sottocapitolo 9.2: Tecniche di conservazione: come preservare i raccolti

La conservazione dei raccolti è una fase fondamentale per chi coltiva un orto, poiché consente di godere dei frutti del proprio lavoro anche durante i mesi in cui non è possibile raccogliere direttamente dall'orto. Una buona tecnica di conservazione non solo preserva la freschezza e il sapore degli ortaggi, ma ne mantiene anche le proprietà nutritive. Le tecniche di conservazione variano in base al tipo di ortaggio e alla durata che si desidera ottenere, ma tutte hanno lo stesso obiettivo: evitare lo spreco e godere dei benefici della propria coltivazione per tutto l'anno. In questo sottocapitolo esploreremo le principali tecniche di conservazione dei raccolti, descrivendo i vantaggi, i metodi e le migliori pratiche per ogni tipo di prodotto.

Congelamento

Il congelamento è una delle tecniche di conservazione più diffuse e versatili, adatta a molti ortaggi. Congelare i prodotti freschi permette di mantenere intatti i nutrienti, il sapore e la consistenza, permettendo di conservare una grande varietà di ortaggi per lungo tempo.

- **Come congelare correttamente**:
  Non tutti gli ortaggi possono essere congelati direttamente senza precauzioni. Per evitare che si rovinino durante il processo di congelamento, è necessario sbollentare alcuni ortaggi (come broccoli, fagiolini e spinaci) prima di congelarli. Il processo di sbollentatura aiuta a preservare il colore, la consistenza e la qualità nutrizionale. Per sbollentare, immergi gli ortaggi in acqua bollente per un breve periodo, solitamente 2-4 minuti, quindi raffreddali immediatamente in acqua ghiacciata per fermare la cottura. Successivamente, asciugali bene e mettili in sacchetti per congelatore, cercando di eliminare quanta più aria possibile.

- **Ortaggi adatti al congelamento**:
  Pomodori (pelati o a pezzi), zucchine (tagliate a rondelle), fagioli, piselli, spinaci, carote, peperoni e mais sono tutti ortaggi che si prestano bene al congelamento.

Essiccazione

L'essiccazione è un metodo molto antico ma ancora oggi efficace, che consente di conservare gli ortaggi eliminando l'umidità che favorisce la crescita di batteri e muffe.

Questo processo prolunga notevolmente la durata degli ortaggi, senza richiedere refrigerazione.

- ### Come essiccare gli ortaggi:
  L'essiccazione può essere effettuata in vari modi: al sole, in un forno a bassa temperatura o con un essiccatore elettrico. Per essiccare correttamente gli ortaggi, è importante prima lavarli bene e tagliarli in pezzi omogenei. Alcuni ortaggi, come i pomodori, possono essere tagliati a metà e disposti su una griglia o una teglia da forno. In alternativa, erbe aromatiche come basilico, rosmarino e timo possono essere legate in mazzetti e appese a seccare in un luogo asciutto.

- ### Ortaggi adatti all'essiccazione:
  Pomodori, peperoni, funghi, cipolle, aglio, erbe aromatiche e piselli sono particolarmente adatti per l'essiccazione. Le verdure a foglia come spinaci o bietole possono anche essere essiccate, ma è necessario sbollentarle prima.

Conservazione in scatola (conserve)

Le conserve sono uno dei metodi più tradizionali per preservare gli ortaggi, soprattutto i pomodori e le verdure in generale. Il processo di conservazione in scatola è particolarmente utile per ortaggi che maturano in abbondanza, come i pomodori, i peperoni e le melanzane.

- ### Come fare le conserve:
  Il processo di conservazione in scatola prevede la sterilizzazione degli ortaggi in contenitori sigillabili, come barattoli di vetro, che vengono poi conservati in un ambiente fresco e buio. Per fare le conserve, i pomodori vengono di solito pelati, cotti e messi in barattoli che vengono sigillati ermeticamente. È possibile aggiungere spezie, aglio o erbe aromatiche per dare un sapore più intenso. L'acido (aceto o succo di limone) viene aggiunto per evitare il rischio di crescita batterica.

- ### Ortaggi adatti per le conserve:
  Pomodori, peperoni, zucchine, melanzane, cipolle, fagioli e legumi in generale sono ideali per questo tipo di conservazione.

Conservazione sotto sale e sott'aceto

Molti ortaggi, soprattutto quelli a bassa percentuale di acqua, possono essere conservati sotto sale o sott'aceto. Questo metodo è molto utilizzato per ortaggi come cetrioli, peperoni, cavolfiori, cipolle e carote.

- ### Come conservare sotto sale o sott'aceto:
  Per la conservazione sotto sale, gli ortaggi vengono trattati con uno strato di sale che li deidrata e ne favorisce la conservazione. Per i sott'aceti, gli ortaggi vengono immersi in una soluzione di aceto, acqua e sale, che ne prolunga la durata. Questo metodo è particolarmente utile per le verdure croccanti, come i cetrioli e i peperoni.

- ### Ortaggi adatti alla conservazione sotto sale o sott'aceto:
  Cetrioli, peperoni, cipolle, cavolfiori e carote sono i più comuni ortaggi conservati in questo modo.

Conservazione in fresco

Alcuni ortaggi, come le patate, le carote, le cipolle e le mele, possono essere conservati in fresco per diverse settimane o addirittura mesi. È importante tenerli in un ambiente fresco, asciutto e buio per evitare che germoglino o marciscano.

- **Come conservare in fresco**: Le patate e le cipolle, ad esempio, devono essere conservate in un luogo asciutto e ben ventilato, come una cantina o una dispensa. È fondamentale non lavare questi ortaggi prima di riporli, poiché l'umidità accelererebbe il processo di deterioramento.

Conclusioni

Ogni ortaggio ha le sue caratteristiche e risponde meglio a un tipo specifico di conservazione. Conoscere i metodi giusti per ogni tipo di ortaggio permette di ottenere il massimo dalla propria coltivazione, mantenendo il cibo fresco e nutriente per tutto l'anno. Sia che tu scelga di congelare, essiccare, fare conserve o conservare in fresco, l'importante è agire tempestivamente e con le tecniche corrette, per evitare sprechi e garantire un consumo ottimale dei tuoi raccolti.

Sottocapitolo 9.3: Preparazione dell'orto per l'inverno: come proteggere le piante dal freddo

La preparazione dell'orto per l'inverno è una fase cruciale per garantire la salute delle piante durante i mesi più freddi e, in alcuni casi, per conservare alcune coltivazioni che potrebbero resistere al freddo o addirittura beneficiarne. Mentre alcune piante sono annuali e termineranno il loro ciclo vegetativo, molte altre possono essere protette e continuare a crescere o essere preparate per la stagione successiva. In questo sottocapitolo, vedremo come affrontare l'inverno nell'orto, dai preparativi per il terreno alla protezione delle piante e alla pianificazione delle colture invernali.

Preparazione del terreno per l'inverno

La cura del terreno è un passo fondamentale per la buona riuscita della coltivazione nell'anno successivo. Preparare il terreno prima dell'arrivo del freddo aiuterà a migliorare la struttura del suolo e a mantenerlo fertile.

- **Rimozione dei residui vegetali**: Prima di tutto, è importante eliminare i residui vegetali lasciati dalle coltivazioni estive. Foglie secche, piante morte o malate possono diventare un rifugio per parassiti e malattie, quindi è utile raccoglierle e smaltirle correttamente. Non lasciare mai resti di piante malate nel terreno, in quanto potrebbero contaminare le coltivazioni future.

- **Aggiunta di compost e materia organica:**
  Durante l'autunno, arricchire il terreno con compost o letame ben maturo è una pratica essenziale. La materia organica nutre il suolo, lo rende più friabile e migliora la capacità di ritenzione idrica. Se possibile, distribuire uno strato di 5-10 cm di compost su tutta la superficie del letto di semina e lavorarlo leggermente nel terreno con una zappa o una forca. Questo aiuterà a mantenere il terreno fertile per le colture future.

- **Ammendamenti per migliorare la struttura del suolo:**
  Se il terreno è troppo argilloso o compatto, si può aggiungere sabbia o materiali drenanti. Se è troppo sabbioso e tende a perdere nutrienti, si può arricchire con torba o letame. Ogni tipo di suolo ha esigenze specifiche, quindi è importante conoscere le caratteristiche del proprio terreno per scegliere gli ammendamenti giusti.

Protezione delle piante dal freddo

Le basse temperature invernali possono essere devastanti per molte colture, ma ci sono diverse soluzioni per proteggere le piante e aiutarle a superare il freddo.

- **Copertura con teli e tessuti non tessuti:** Uno dei modi più semplici ed efficaci per proteggere le piante dal freddo è coprirle con teli di plastica o tessuti non tessuti (agritessuto). Questi materiali proteggono le piante dal gelo diretto e dalle gelate notturne, creando una barriera che trattiene il calore del suolo e dell'aria circostante. È importante scegliere tessuti traspiranti, per evitare il ristagno di umidità che potrebbe danneggiare le piante. In genere, si coprono le piante a rischio durante la notte e si rimuovono al mattino, quando le temperature si alzano.

- **Tunnel e serre:** Se si ha spazio e risorse, una soluzione più robusta è l'utilizzo di piccoli tunnel o serre. Queste strutture proteggono le piante dal freddo, creando un microclima caldo e protetto. Le serre, soprattutto quelle in polietilene o vetro, consentono di continuare a coltivare piante come lattuga, cavoli e altre orticole che potrebbero resistere al freddo ma che necessitano di un ambiente più temperato. I tunnel sono particolarmente adatti per coltivazioni più piccole e possono essere facilmente montati e smontati.

- **Pacciamatura:** La pacciamatura, che viene solitamente usata per mantenere il terreno umido in estate, è anche un'ottima protezione contro il freddo. Durante l'inverno, uno strato di pacciamatura (composto da paglia, foglie secche o corteccia) aiuta a isolare il terreno e le radici delle piante dal gelo. La pacciamatura impedisce anche il formarsi di croste di ghiaccio sulla superficie del terreno, che potrebbero danneggiare le radici.

- **Protezione delle radici:** Le radici sono particolarmente vulnerabili al freddo. Per proteggere quelle di piante che non si spostano (come alberi da frutto o piante perenni), è possibile applicare uno strato di pacciame spesso intorno alla base della pianta. In alternativa, si possono coprire le radici con materiali come la paglia, il fieno o anche tessuti specifici per l'inverno, che aiutano a mantenere la temperatura stabile. Un'altra opzione per le piante in vaso è quella di spostarle in un ambiente protetto o all'interno, se possibile.

Colture invernali e piante resistenti al freddo

Anche se l'inverno porta freddo e meno ore di luce, ci sono alcune colture che possono essere seminate o piantate proprio in questa stagione, a patto che vengano rispettate le condizioni climatiche appropriate.

- **Ortaggi da inverno**:
  Molte piante, come cavoli, cavolfiori, broccoli, bietole, spinaci e porri, sono resistenti al freddo e possono essere seminate o trapiantate in autunno per essere raccolte in inverno o inizio primavera. Alcuni di questi ortaggi sono addirittura migliorati dal gelo, che intensifica il loro sapore.

- **Piante perenni**:
  Alcune piante perenni, come aglio, cipolle da seme, erbe aromatiche come rosmarino e timo, possono essere piantate in autunno per una raccolta precoce in primavera. Queste piante sono meno sensibili al freddo e, se protette correttamente, possono rimanere in giardino per anni, donando raccolti abbondanti.

- **Erbe aromatiche e piante invernali**:
  Le erbe aromatiche come il prezzemolo, la menta e il coriandolo possono essere coltivate in giardino durante l'inverno, soprattutto se riparate dal freddo con teli o serre. Inoltre, anche alcuni ortaggi a radice, come le carote e le rape, possono essere raccolti in inverno se protetti correttamente.

Gestione della luce e della temperatura

La ridotta quantità di luce solare in inverno può influenzare la crescita delle piante. Tuttavia, con accorgimenti semplici è possibile ottimizzare l'uso della luce naturale.

- **Posizionamento strategico delle piante**:
  Se coltivi piante in vaso o in contenitori mobili, posizionale nei punti più soleggiati del tuo giardino durante l'inverno. Ad esempio, vicino a un muro o una recinzione che trattiene il calore durante il giorno. Questo favorirà una maggiore esposizione alla luce solare e aiuterà a mantenere le piante più calde.

- **Sostegno alla crescita**:
  Utilizzare luci artificiali a bassa intensità (come luci LED per la coltivazione indoor) può essere utile per piante delicate che necessitano di più luce durante il periodo invernale. Sebbene non sia necessario per tutte le piante, una buona illuminazione supplementare può migliorare la crescita delle piante in serra o in casa.

Conclusioni

La preparazione dell'orto per l'inverno è un passo essenziale per garantire che le colture possano sopravvivere alle rigide condizioni invernali e prosperare durante la stagione successiva. Proteggendo adeguatamente le piante dal freddo, migliorando la qualità del terreno e approfittando delle colture invernali, non solo si protegge il proprio orto, ma si contribuisce anche a una produzione sana e abbondante per l'anno successivo. Con un po' di preparazione, l'orto invernale può continuare a essere una risorsa preziosa, pronta a offrire raccolti freschi e nutriente per tutta la famiglia.

Conclusione del Capitolo 9: La gestione invernale dell'orto

Concludendo il capitolo 9, possiamo affermare che la preparazione dell'orto per l'inverno non è solo una questione di protezione delle piante dal freddo, ma anche un'opportunità per migliorare la qualità del terreno, ottimizzare la crescita delle colture future e sfruttare al meglio le risorse naturali disponibili. L'inverno, sebbene porti con sé temperature rigide e condizioni climatiche difficili, non è un periodo di abbandono per l'orto, ma un'occasione per implementare strategie che garantiranno la salute delle piante a lungo termine.

L'importanza di una corretta gestione del terreno, come la rimozione dei residui vegetali e l'arricchimento con compost, è fondamentale per mantenere la fertilità e preparare la terra per le coltivazioni future. La protezione delle piante dal gelo tramite tecniche come l'uso di pacciamatura, teli o serre è altrettanto cruciale per garantire che le piante sopravvivano al freddo e possano riprendersi rapidamente quando le temperature più calde ritorneranno.
Inoltre, l'adozione di colture resistenti al freddo e la pianificazione delle semine invernali permette di sfruttare al meglio le stagioni, offrendo raccolti sani e freschi durante i mesi più freddi. L'inverno, infatti, non è solo un periodo di riposo per l'orto, ma una fase in cui si può continuare a coltivare se si adottano le giuste tecniche di protezione e gestione.

Un altro aspetto fondamentale è l'ottimizzazione dell'uso della luce e del calore: nonostante la scarsa disponibilità di luce solare in inverno, piccoli accorgimenti come la scelta dei posti più soleggiati e l'uso di luci artificiali possono fare una grande differenza per garantire che le piante ricevano la giusta quantità di energia per crescere anche durante i mesi invernali.

In sintesi, la cura dell'orto in inverno richiede una pianificazione meticolosa, ma è anche un'opportunità per imparare a rispettare i cicli naturali, sfruttare le risorse in modo sostenibile e garantire che il nostro orto continui a prosperare nonostante le difficoltà stagionali. Con un po' di attenzione e una buona preparazione, l'inverno diventa una stagione altrettanto fruttuosa come le altre.

Introduzione del Capitolo 10: La raccolta e la conservazione dei prodotti dell'orto

Nel capitolo 10 ci avviciniamo alla fase finale di ogni ciclo di coltivazione: la raccolta e la conservazione dei frutti del nostro lavoro. Dopo mesi di cura, attenzione e dedizione, il momento di raccogliere i prodotti dell'orto è senza dubbio uno dei più soddisfacenti per ogni giardiniere. Tuttavia, la raccolta non si limita a strappare i frutti dalla pianta, ma è un processo che implica una conoscenza approfondita delle tempistiche, delle tecniche e degli strumenti necessari per ottenere un prodotto di qualità. Inoltre, non meno importante, è il saper conservare correttamente ciò che abbiamo coltivato, per garantire che i nostri ortaggi e le nostre piante aromatiche mantengano tutte le loro proprietà nutritive e gustative per un lungo periodo.

La raccolta deve avvenire nei momenti giusti, in base alle caratteristiche di ogni coltura, al fine di preservarne il sapore, la consistenza e la freschezza. Ogni ortaggio ha il suo tempo di raccolta, e saperlo riconoscere è essenziale per massimizzare il risultato del nostro lavoro in giardino. L'approccio alla raccolta non è solo una questione di tempismo, ma anche di delicatezza, in modo da non danneggiare le piante che potrebbero continuare a produrre frutti per tutta la stagione.

Ma la raccolta è solo una parte del processo: la conservazione è altrettanto cruciale. La conservazione dei prodotti dell'orto è una vera arte che va ben oltre la semplice conservazione in frigorifero. Esistono numerosi metodi per prolungare la durata dei nostri raccolti, come la conservazione in scatola, l'essiccazione, la congelazione o la fermentazione, ognuna di queste tecniche ha vantaggi specifici in base al tipo di ortaggio e alle nostre esigenze. Inoltre, imparare a conservare bene i prodotti dell'orto è un passo fondamentale per praticare un'agricoltura sostenibile, ridurre gli sprechi e vivere in modo più autosufficiente.

In questo capitolo, esploreremo insieme tutte queste tematiche, dalle migliori pratiche di raccolta alla scelta dei metodi di conservazione più adatti a ciascun tipo di prodotto. Concluderemo con alcuni consigli pratici per organizzare e gestire efficacemente la raccolta e la conservazione, in modo da rendere l'esperienza dell'orto non solo gratificante, ma anche utile e sostenibile nel lungo termine.

Sottocapitolo 10.1: La raccolta dei prodotti dell'orto: tempistiche e tecniche

La raccolta dei frutti dell'orto è uno dei momenti più gratificanti di tutta l'esperienza di coltivazione. Tuttavia, per ottenere i migliori risultati in termini di sapore, qualità e durata, è essenziale conoscere le giuste tempistiche e tecniche per raccogliere i vari ortaggi. Ogni pianta ha le proprie esigenze in termini di maturazione e, di conseguenza, il momento della raccolta può influire in modo significativo sulla qualità finale del prodotto.

1. Tempistiche di raccolta: il momento giusto

Ogni ortaggio ha il proprio ciclo di crescita, e conoscere il momento giusto per raccoglierlo è fondamentale. Ad esempio, per le **insalate** e i **ravanelli**, la raccolta deve avvenire prima che i vegetali diventino troppo maturi, quando ancora hanno un buon sapore e una consistenza croccante.

Al contrario, ortaggi come i **pomodori**, le **zucchine** e i **peperoni** devono essere raccolti al picco della loro maturazione, quando sono completamente sviluppati e hanno raggiunto il massimo sapore e valore nutritivo.

La raccolta prematura, infatti, può compromettere il sapore e la consistenza degli ortaggi, mentre una raccolta troppo tardiva potrebbe renderli troppo maturi o troppo grandi, con un sapore che tende a diventare più amaro o meno saporito. Il momento giusto per raccogliere dipende anche dal clima e dalle condizioni meteorologiche.

Ad esempio, molti ortaggi vengono raccolti la mattina presto, quando il livello di umidità è più basso e la temperatura ancora fresca, evitando che i frutti si danneggino a causa del calore eccessivo.

2. Tecniche di raccolta: l'importanza della delicatezza

La tecnica di raccolta è altrettanto importante quanto il momento giusto. Ogni tipo di ortaggio richiede un approccio delicato per evitare di danneggiare la pianta e compromettere il raccolto.

Ad esempio, per **pomodori** e **peperoni**, è fondamentale utilizzare le mani con delicatezza o un paio di forbici da giardino per evitare di strappare la pianta o danneggiare i frutti vicini.

Allo stesso modo, durante la raccolta delle **zucchine**, è consigliabile usare un coltello affilato per evitare di rompere il gambo e danneggiare la pianta, permettendo così che il ciclo produttivo continui senza interruzioni.

Alcuni ortaggi, come i **fagiolini**, vanno raccolti tirandoli con cautela per non danneggiare i gambi o altre piante vicine.

La stessa attenzione va prestata alla raccolta di erbe aromatiche come il **basilico**, il **rosmarino** o il **prezzemolo**: le foglie devono essere staccate delicatamente per non compromettere la salute della pianta, favorendo, anzi, una continua produzione.

3. Controllo della qualità: come valutare i frutti

La qualità dei frutti raccolti dipende molto dalla capacità di riconoscere quando sono veramente maturi. Questo richiede un'osservazione attenta delle piante.

Per esempio, un **pomodoro** è pronto per essere raccolto quando è completamente colorato, la pelle è liscia e la consistenza è ferma ma cedevole al tatto. Un **peperone** è maturo quando ha raggiunto la colorazione tipica della varietà (verde, giallo, rosso, ecc.) ed è sodo al tatto.

Anche l'**aglio** e la **cipolla** devono essere raccolti quando la parte aerea (le foglie) inizia a seccarsi e a ingiallire, indicando che il bulbo è ormai pronto per essere estratto.

Per le **patate**, la raccolta avviene quando le foglie iniziano a morire, ma prima che la pianta diventi completamente secca, per evitare che le patate siano troppo esposte al sole e sviluppino una buccia troppo spessa o difetti.

4. Le regole della raccolta dei frutti invernali

Gli ortaggi che vengono coltivati nei mesi più freddi, come i **cavoli**, i **broccoli** e le **carote**, richiedono alcune accortezze aggiuntive.

Per esempio, i **cavoli** vanno raccolti quando le teste sono compatte e ben formate, mentre per le **carote** è necessario attendere che raggiungano una dimensione adeguata, evitando di lasciarle troppo a lungo nel terreno, poiché potrebbero diventare dure e legnose.

In generale, è consigliabile raccogliere gli ortaggi durante le ore più fresche della giornata, per mantenere intatti sapore e consistenza.

La mattina presto o il tardo pomeriggio sono i momenti ideali per farlo. Inoltre, è importante raccogliere solo i frutti maturi, lasciando quelli immaturi per una raccolta successiva. Questo favorisce la crescita continua delle piante e permette una gestione più efficace dell'orto.

5. Il post-raccolto: la cura dei frutti

Dopo aver raccolto gli ortaggi, è fondamentale trattarli con cura per mantenerne la freschezza e la qualità.

Ogni tipo di prodotto richiede una gestione particolare: alcuni ortaggi, come le **zucchine** e i **pomodori**, dovrebbero essere conservati a temperatura ambiente fino al loro consumo, mentre altri, come le **carote** e le **patate**, possono essere conservati in ambienti freschi e asciutti per prolungarne la durata.

Erbe fresche come **basilico** o **prezzemolo** si conservano meglio in frigorifero o essiccate per mantenere il loro aroma intenso.

Conclusione

In definitiva, la raccolta è un momento che implica sia conoscenza che cura. Tempismo, delicatezza e valutazione della qualità sono fattori cruciali che determineranno non solo la bontà dei raccolti, ma anche la possibilità di prolungare il periodo di utilizzo degli ortaggi attraverso una corretta conservazione. Ogni ortaggio, ogni pianta ha le sue caratteristiche e risponde a specifici bisogni, quindi l'approccio alla raccolta deve essere sempre mirato e consapevole. Con queste tecniche, ogni giardiniere avrà il pieno controllo sulla qualità e durata dei suoi prodotti, completando il ciclo di vita del suo orto con successo.

Sottocapitolo 10.2: La conservazione dei prodotti dell'orto: metodi e tecniche

Una volta raccolti i frutti del nostro orto, la conservazione diventa un aspetto cruciale per sfruttare al meglio il lavoro fatto e prolungare la disponibilità di ortaggi freschi durante l'intero anno. La corretta conservazione consente di mantenere il valore nutrizionale, il sapore e la qualità degli ortaggi, evitando sprechi e consentendo di gustare i frutti del proprio lavoro anche nei mesi più freddi, quando non è possibile raccogliere nuove colture. Esistono diversi metodi di conservazione, e la scelta dipende dal tipo di ortaggio, dalle condizioni di conservazione desiderate e dal tempo disponibile.

1. Essiccazione: conservare i prodotti con il calore naturale

L'essiccazione è uno dei metodi di conservazione più antichi e naturali. Consiste nell'eliminare l'umidità degli ortaggi per impedirne la proliferazione di batteri e funghi. Questo processo può essere fatto in vari modi, ma il più comune è l'essiccazione al sole o tramite un essiccatore elettrico.

- **Essiccazione al sole**: è uno dei metodi più ecologici e antichi. Gli ortaggi come pomodori, peperoni, cipolle, erbe aromatiche (basilico, prezzemolo, rosmarino) e anche alcuni tipi di frutta (come fichi e mele) si prestano molto bene a questo tipo di conservazione. Per essiccare al sole, gli ortaggi vengono tagliati a fette sottili e disposti su griglie o telai in un posto soleggiato e ben ventilato, preferibilmente durante l'estate, quando il sole è più intenso. È fondamentale che gli ortaggi vengano protetti da insetti e polvere, quindi l'uso di una rete o di una garza è consigliato.

- **Essiccazione con essiccatore**: per una conservazione più controllata, soprattutto in aree umide o durante l'inverno, l'essiccatore elettrico è una soluzione ideale. Questo dispositivo permette di regolare la temperatura e il flusso d'aria, garantendo un'essiccazione omogenea. Il vantaggio principale dell'essiccatore è che consente di trattare una varietà più ampia di ortaggi e frutti, e può essere utilizzato anche durante le stagioni più fredde.

L'essiccazione riduce il volume e il peso degli ortaggi, facilitandone la conservazione, e una volta essiccati, questi alimenti possono essere conservati in barattoli ermetici, sacchetti sottovuoto o contenitori di vetro, all'interno di un luogo fresco, asciutto e buio.

2. Congelamento: una soluzione veloce e pratica

Il congelamento è uno dei metodi di conservazione più diffusi e semplici da applicare. Questo processo conserva molto bene il sapore e le proprietà nutritive degli ortaggi, in quanto la bassa temperatura inibisce l'attività microbica e chimica, mantenendo inalterata la qualità. Tuttavia, è importante seguire alcune regole per garantire la migliore riuscita:

- **Blanching (sbollentatura)**: prima di congelare gli ortaggi, è fondamentale sbollentarli brevemente in acqua bollente. Questo processo, che implica immergere i vegetali per pochi minuti in acqua bollente e poi raffreddarli immediatamente in acqua ghiacciata, serve a bloccare l'attività enzimatica, preservando il colore, il sapore e la consistenza. Gli ortaggi che beneficiano maggiormente di questa tecnica sono i fagiolini, i broccoli, i piselli, le carote e il mais.

- **Congelamento diretto**: alcuni ortaggi, come i peperoni, le zucchine o i pomodori, possono essere congelati senza bisogno di sbollentarli. In questo caso, è meglio tagliarli a pezzi e distribuirli su un vassoio prima di congelarli per evitare che si attacchino tra loro. Una volta congelati, gli ortaggi possono essere trasferiti in sacchetti o contenitori ermetici per un'ulteriore conservazione.

Gli ortaggi congelati mantengono la loro qualità per diversi mesi, ma è importante utilizzarli entro un anno per evitare che il freddo ne alteri la consistenza.

3. Conservazione in sottaceto o in salamoia: per un gusto unico

La conservazione degli ortaggi in aceto o salamoia è una tradizione che non solo aiuta a preservare gli alimenti, ma aggiunge anche un sapore particolare e unico. Gli ortaggi come i cetrioli, i peperoni, i cavolfiori, le carote e le zucchine si prestano bene a questa conservazione.

- **Sottaceto**:

  consiste nell'immersione degli ortaggi in una soluzione di aceto, acqua, sale e spezie. Il processo di fermentazione conferisce agli ortaggi un gusto aspro, che li rende perfetti come antipasti o contorni. La durata di conservazione può variare da alcune settimane a mesi, a seconda delle condizioni di conservazione.

- **Salamoia**:

  questo metodo prevede l'immersione degli ortaggi in una soluzione di acqua e sale, dove avviene una fermentazione naturale che ne conserva la freschezza e il sapore. La salamoia è spesso utilizzata per le olive, ma anche per verdure come cavoli e peperoni.

Entrambi i metodi richiedono l'uso di contenitori sterilizzati per evitare contaminazioni e devono essere conservati in un luogo fresco e asciutto.

4. Conservazione in olio o aceto

Alcuni ortaggi, come le melanzane, i pomodori secchi o i funghi, possono essere conservati in olio o aceto per prolungarne la durata e migliorarne il sapore. La conservazione in olio è particolarmente apprezzata per i pomodori secchi e per le melanzane grigliate, che possono essere conservati per mesi, mantenendo intatto il loro sapore ricco.

5. Conservazione sotto vuoto: massimizzare la freschezza

Il confezionamento sottovuoto è un metodo ideale per la conservazione di ortaggi freschi e tagliati. Questo processo implica l'eliminazione dell'aria da sacchetti o contenitori, riducendo l'ossidazione e la proliferazione batterica. Può essere usato per una varietà di ortaggi, inclusi i pomodori, le zucchine, i peperoni e anche le erbe aromatiche, per mantenerli freschi e pronti per essere consumati in seguito.

Conclusione

La conservazione degli ortaggi non è solo una questione di prolungare la durata dei raccolti, ma anche un'opportunità per esplorare nuove tecniche culinarie e godere dei frutti del proprio orto durante tutto l'anno. Che si tratti di essiccazione, congelamento, sottaceto o conservazione in olio, ogni metodo ha i suoi vantaggi e applicazioni specifiche. Conoscere e applicare le giuste tecniche ti permetterà di preservare la qualità e il sapore dei tuoi ortaggi, affinché tu possa godere dei benefici del tuo orto anche nei mesi più freddi.

Sottocapitolo 10.3: La conservazione delle sementi: come e quando raccoglierle per il futuro

La conservazione delle sementi è un aspetto fondamentale per chi desidera un orto sostenibile e autonomo. Raccogliere, conservare e riutilizzare le sementi provenienti dal proprio orto non solo consente di risparmiare denaro ogni anno, ma permette anche di selezionare piante più adatte al proprio clima e alle proprie esigenze.

Inoltre, la conservazione delle sementi aiuta a mantenere vive varietà locali e antiche, contribuendo alla biodiversità e alla sostenibilità. In questo sottocapitolo, vedremo come raccogliere le sementi correttamente, come conservarle nel tempo e quali accorgimenti prendere per garantire una buona germinazione.

1. Quando raccogliere le sementi

La raccolta delle sementi è un'operazione che deve essere fatta al momento giusto, poiché i semi immaturi o danneggiati non germineranno correttamente. Il momento migliore per raccogliere i semi dipende dal tipo di pianta e dal suo ciclo vitale. In generale, i semi vanno raccolti quando i frutti sono maturi, ma non ancora marci o troppo secchi. Ecco alcune linee guida generali:

- **Pomodori:**
  i semi di pomodoro sono pronti quando il frutto è completamente maturo e ha raggiunto il colore caratteristico.
  Per raccogliere i semi, taglia il pomodoro a metà, estrai i semi e risciacquali bene per rimuovere la polpa. Poi lasciali asciugare su un foglio di carta o su un tovagliolo per alcuni giorni.

- **Zucchine e melanzane**:
  i semi di zucchine e melanzane vanno raccolti quando il frutto è completamente maturo, ma

prima che inizi a deteriorarsi.
In questo caso, taglia il frutto, estrai i semi e lasciali asciugare bene prima di conservarli.

- **Fagioli e legumi**:
  i semi di legumi si raccolgono quando i baccelli sono secchi e la pianta è appassita.
  Rimuovi i semi dai baccelli e lasciali asciugare ulteriormente prima di riporli in un contenitore.

- **Erbe aromatiche**:
  le erbe come basilico, prezzemolo e coriandolo producono semi che vanno raccolti quando sono ben maturi.
  Ad esempio, le foglie di basilico devono essere secche e i semi visibili.

2. Come raccogliere le sementi

La raccolta delle sementi deve essere eseguita con molta attenzione per evitare danni ai semi, che potrebbero compromettere la loro capacità di germinazione. Ecco come procedere correttamente:

- **Selezione delle piante**:
  scegli piante sane e forti da cui raccogliere i semi. Le piante che sono state più produttive e che hanno mostrato resistenza alle malattie o ai parassiti sono quelle da preferire. Evita di raccogliere i semi da piante che hanno mostrato segni di stress, come quelle colpite da malattie o che sono cresciute in condizioni non ideali.

- **Estrazione dei semi**:
  ogni tipo di pianta ha un suo modo specifico di produrre e contenere i semi.
  Ad esempio, per i pomodori, i semi sono all'interno della polpa e devono essere estratti manualmente. Per i legumi, invece, i semi sono nei baccelli e possono essere raccolti con facilità una volta che i baccelli sono secchi.

- **Essiccazione**:
  dopo aver raccolto i semi, è fondamentale lasciarli asciugare completamente. L'umidità residua può compromettere la conservazione e causare muffe.
  L'essiccazione può avvenire in un luogo asciutto e ben ventilato, ma lontano dalla luce diretta del sole per evitare danni ai semi.

- **Pulizia dei semi**:
  è importante rimuovere ogni traccia di polpa o materiale organico dai semi, poiché potrebbero marcescere durante la conservazione. Utilizza acqua fredda per pulire i semi, ma fai attenzione a non danneggiarli.
  Puoi utilizzare un colino per risciacquare i semi o un panno morbido per asciugarli delicatamente.

3. Come conservare le sementi

Una volta che i semi sono stati raccolti, puliti ed essiccati, è necessario conservarli correttamente per garantire una buona germinazione l'anno successivo. Ecco alcuni accorgimenti per una conservazione ottimale:

- **Contenitori ermetici**:
  usa contenitori ermetici, come barattoli di vetro, buste sottovuoto o sacchetti di plastica resistenti. L'idea è quella di proteggere i semi dall'umidità, che è la principale causa di deterioramento. I contenitori devono essere ben sigillati per evitare che l'umidità o l'aria possano entrare.

- **Etichettatura**:
  è importante etichettare ogni contenitore con il nome della pianta, la varietà e l'anno di raccolta. Questo ti aiuterà a tenere traccia dei semi e a sapere quali sono i più freschi da utilizzare. Includi anche eventuali informazioni su particolarità del seme (ad esempio, se la pianta è stata coltivata in modo biologico o se ha resistito a determinate malattie).

- **Temperatura e umidità**:
  conserva i semi in un luogo fresco, asciutto e buio. La temperatura ideale per la conservazione delle sementi è tra i 5 e i 10 gradi Celsius.
  Evita luoghi troppo caldi o umidi, come cantine umide o soffitte esposte alla luce diretta, in quanto queste condizioni favoriscono la germinazione prematura o la formazione di muffe.

- **Durata della conservazione**:
  la durata della conservazione dei semi varia a seconda del tipo di pianta. In genere, i semi di ortaggi possono essere conservati per 1-3 anni, mentre quelli di legumi, cereali e piante perenni tendono a durare più a lungo. I semi di piante come pomodori, peperoni e melanzane hanno una vita utile di circa 2-3 anni, mentre per altre come fagioli e piselli si arriva a circa 4 anni.

4. Test di germinazione

Ogni tanto è utile fare un test di germinazione sui semi conservati per verificare se sono ancora vitali e capaci di crescere. Per fare questo, prendi una piccola quantità di semi, mettili su un panno umido e coprili con un altro panno.

 Mantieni il tutto in un luogo caldo e umido, e osserva se i semi germinano. Se una buona percentuale di semi germina, significa che sono ancora validi.

Conclusione

La conservazione delle sementi è un'abilità fondamentale per chi desidera essere autosufficiente e gestire un orto in modo sostenibile. Raccogliere, conservare e riutilizzare i semi ogni anno non solo garantisce un ciclo di coltivazione continuo, ma permette anche di adattare le colture alle condizioni climatiche locali e di selezionare le piante più forti e resistenti. Con le giuste tecniche di raccolta e conservazione, i semi possono essere mantenuti per molti anni, pronti per essere utilizzati nelle stagioni successive. In questo modo, il giardino dell'anno successivo sarà sempre ricco di nuove opportunità di crescita e di successo.

Conclusione del Capitolo 10: La raccolta, conservazione e gestione delle sementi

Nel corso di questo capitolo, abbiamo esplorato l'importanza cruciale di raccogliere e conservare correttamente le sementi, un'attività che non solo garantisce l'autosufficienza nel tempo, ma che contribuisce anche alla sostenibilità e alla biodiversità del nostro orto. Abbiamo visto come una gestione oculata delle sementi possa permetterci di ridurre i costi annuali, migliorare la qualità delle coltivazioni e preservare varietà locali e antiche, mantenendo un legame stretto con la tradizione agricola.

La raccolta delle sementi richiede tempismo e attenzione. È essenziale raccogliere i semi solo quando i frutti sono completamente maturi e pronti, evitando di farlo troppo presto o troppo tardi, rischiando di compromettere la loro capacità di germinazione. Ogni tipo di pianta ha le sue peculiarità, e conoscere questi dettagli ci consente di raccogliere solo semi di alta qualità, pronti a prosperare nelle stagioni successive.

Una volta raccolti, i semi devono essere trattati con cura: la pulizia e l'essiccazione sono passaggi fondamentali per garantire la loro conservazione nel tempo. La conservazione in contenitori ermetici, in ambienti freschi e asciutti, è essenziale per proteggere i semi da fattori esterni come umidità e luce, che potrebbero comprometterne la vitalità. Inoltre, etichettare correttamente i contenitori con informazioni precise sui semi permette di gestirli in modo ordinato e sistematico.

In conclusione, la conservazione delle sementi non è solo un'attività pratica ma anche un atto di responsabilità verso l'ambiente. Impiegando le giuste tecniche di raccolta, conservazione e test di germinazione, possiamo assicurare una produzione continua e sana del nostro orto. Non solo riduciamo la dipendenza dalle sementi acquistate ogni anno, ma contribuiamo anche alla preservazione delle varietà locali e alla crescita di un orto sempre più in armonia con la natura.

Adottando questi principi, avrai il pieno controllo sulle risorse del tuo orto e potrai continuare a coltivare con successo le tue piante anno dopo anno, ottenendo raccolti abbondanti e di qualità. La conservazione delle sementi è il passo finale verso un orto veramente autosufficiente e sostenibile, che ti permetterà di raccogliere i frutti del tuo impegno per molto tempo.

Epilogo

Il viaggio che hai intrapreso tra le pagine di questo libro non è solo un manuale pratico su come coltivare un orto: è un percorso che ti ha guidato verso una comprensione più profonda della terra, della vita e del tuo ruolo in un ecosistema più grande. Ogni capitolo ha rappresentato un tassello di questa avventura, un invito a riscoprire la bellezza di un'attività antica quanto l'umanità stessa, e al contempo straordinariamente attuale. Coltivare un orto non significa soltanto nutrire il corpo, ma anche alimentare lo spirito, rigenerare la mente e riscoprire un ritmo di vita più autentico.

L'orto, con il suo ciclo eterno di nascita, crescita, maturazione e riposo, è uno specchio della vita stessa. Ogni seme che pianti è una promessa di futuro, ogni germoglio che osservi crescere è una lezione di pazienza, ogni raccolto è una celebrazione del tempo e dell'impegno che hai dedicato. Non importa quanto piccolo o grande sia il tuo orto: in ogni centimetro di terra c'è un universo di possibilità, un microcosmo che riflette il nostro rapporto con la natura e con noi stessi.

Un viaggio di trasformazione personale

Coltivare un orto è molto più di un atto tecnico. È un percorso di trasformazione personale che ti invita a rallentare ea entrare in sintonia con i ritmi naturali. Viviamo in un mondo frenetico, dominato dall'immediatezza e dalla produttività a ogni costo, ma l'orto ci insegna una lezione preziosa: il valore del tempo. Qui non esistono scorciatoie; ogni pianta ha il suo ritmo, ogni stagione richiede la sua attenzione, e ogni raccolto è il frutto di un processo che non può essere accelerato.

Questo processo di cura e attenzione ti trasforma. Diventi più consapevole di ciò che ti circonda, più attento ai dettagli, più paziente di fronte agli imprevisti. L'orto diventa uno scenario per la mente e per il cuore, dove impari a celebrare non solo i grandi successi, ma anche le piccole vittorie quotidiane: un seme che germoglia, un terreno che si arricchisce, un'infestazione che riesce a controllare con metodi naturali.

Una connessione profonda con la natura

Attraverso l'orto, riscopri il tuo legame con la terra. Toccare il suolo, osservare gli insetti impollinatori all'opera, ascoltare il silenzio del mattino mentre annaffi le piante: sono esperienze che ti ricordano quanto siamo parte integrante della natura. Questo legame è fondamentale, non solo per il benessere personale, ma anche per la sostenibilità del nostro pianeta. Ogni orto, per quanto piccolo, è un atto di ribellione contro lo spreco e la disconnessione dalla natura che caratterizzano la nostra epoca.

L'orto ti insegna anche il valore della biodiversità. Le piante non crescono isolate, ma si supportano la vicenda, creando un ecosistema equilibrato e resiliente. Lo stesso accade con le persone: condividi il tuo orto con amici, familiari e vicini non solo arricchisce la tua esperienza, ma crea una rete di relazioni che nutrono l'anima quanto la terra nutre le piante.

Lezioni di resilienza e adattamento

Nessun orto è immune dalle difficoltà. Ci saranno estati troppo calde, temporali improvvisi, parassiti ostinati e raccolti deludenti. Ma è proprio in questi momenti che l'orto ti insegna una delle lezioni più importanti: la resilienza. Ogni sfida è un'opportunità per imparare, per adattarti e per migliorare le tue competenze. L'orto non richiede perfezione; richiede perseveranza e la capacità di accogliere l'imprevisto come parte del percorso.

Imparare a gestire queste sfide che ti rendono più forte anche nella vita di tutti i giorni. Scopri che puoi affrontare gli ostacoli con calma e creatività, che puoi trovare soluzioni sostenibili e che ogni fallimento è un'occasione per crescere. L'orto diventa così una metafora della vita stessa, un maestro silenzioso che ti insegna a navigare tra le difficoltà con equilibrio e speranza.

Un'eredità per il futuro

Coltivare un orto non è solo un atto personale; è un gesto che ha ripercussioni sul futuro. Ogni seme piantato, ogni tecnica sostenibile adottata, ogni scelta consapevole che fai contribuire a un mondo migliore per le generazioni che verranno. L'orto è un'eredità viva, un modo per tramandare valori di rispetto, responsabilità e amore per la natura.

Può anche essere un luogo di educazione e condivisione. Coinvolgere i bambini nel processo di coltivazione non solo li avvicina alla natura, ma insegna loro lezioni preziose sull'autosufficienza, sulla pazienza e sull'importanza della cura. Mostrare agli altri come creare un orto, condividere le tue esperienze ei tuoi successi, significa diffondere una cultura di sostenibilità e consapevolezza.

Una celebrazione della semplicità

Alla fine, ciò che rende l'orto speciale è la sua semplicità. Non servono grandi strumenti o risorse per iniziare: bastano un pezzo di terra, delle mani pronte a lavorare e un cuore aperto all'apprendimento. L'orto ci ricorda che le cose più semplici sono spesso le più preziose, che la felicità si trova nei piccoli gesti quotidiani, e che la bellezza della vita risiede nella sua ciclicità e nella sua capacità di rinnovarsi.

Mentre chiudi questo libro e ti prepari a mettere in pratica ciò che hai imparato, porta con te questa consapevolezza: l'orto è un viaggio che non finisce mai, un cammino che si arricchisce stagione dopo stagione. Ogni pianta che coltiverai, ogni raccolto che celebrerai, ogni lezione che imparerai farà parte di un racconto più grande, un racconto che parla di equilibrio, di crescita e di connessione.

Grazie per aver intrapreso questo viaggio. Che il tuo orto prosperi e che tu possa trovare in esso non solo nutrimento, ma anche gioia, serenità e ispirazione per la vita.

Ringraziamenti

Ringrazio innanzitutto la terra, che è il cuore pulsante di questo viaggio. Senza di essa, nulla di ciò che ho scritto sarebbe stato possibile. Ogni zolla di terra, ogni radice che si insinua nel terreno, ogni pianta che cresce e ogni frutto che matura è un insegnamento silenzioso che la natura ci offre, senza chiedere nulla in cambio, se non il rispetto e la cura. È a questa terra che dobbiamo tutto: il cibo che mangiamo, l'aria che respiriamo, e quella connessione profonda che ci unisce a un mondo che, troppo spesso, tendiamo a dimenticare.

Un grazie di cuore va a tutti quegli agricoltori, orticoltori e custodi della terra che, con il loro lavoro quotidiano e la loro passione instancabile, hanno reso possibile il nostro incontro con la natura. Senza il loro impegno, la nostra conoscenza delle piante, del ciclo naturale e dell'agricoltura non sarebbe così profonda e radicata. Questi uomini e donne, che ogni giorno si alzano all'alba per seminario e raccogliere, sono i veri maestri di questo cammino, e a loro va il mio riconoscimento più sincero.

Ringrazio anche tutte le persone che hanno contribuito alla realizzazione di questo libro, con la loro esperienza, le loro intuizioni e il loro entusiasmo. Senza di voi, questo lavoro sarebbe stato solo un insieme di parole senza anima, privo di significato, destinato a rimanere chiuso tra le pagine di un libro. È grazie alla vostra passione, alla vostra curiosità e al vostro impegno che questo progetto ha preso vita, trasformandosi in una guida concreta per chiunque voglia intraprendere il cammino della coltivazione e della connessione profonda con la natura. Ogni vostro passo, ogni vostro gesto nei confronti della terra, è una testimonianza di come, insieme, possiamo costruire un futuro più sostenibile, in armonia con il nostro ambiente. Grazie per aver scelto di fare parte di questo viaggio e per aver creduto che l'orto non fosse solo un angolo di terra, ma un luogo di crescita, apprendimento e, soprattutto, un luogo dove possiamo ritrovare un legame profondo con la natura, con noi stessi e con le generazioni future.

L'orto è più di un semplice spazio di coltivazione; è un simbolo di speranza, di resilienza e di cura. Ogni seme piantato rappresenta un atto di fiducia nel futuro, ogni pianta che cresce è il segno tangibile di un cambiamento positivo che possiamo apportare, non solo nel nostro piccolo angolo di mondo, ma anche nell'intero ecosistema. È attraverso la nostra cura, il nostro impegno e la nostra passione che possiamo creare qualcosa di duraturo, che arricchisce le nostre vite e quelle di chi ci circonda.

Grazie di cuore per essere parte di questo cammino e per aver contribuito a dare vita a un sogno che non finisce mai, ma continua a germogliare ea crescere, stagione dopo stagione, come le piante che coltiviamo. Ogni gesto, ogni seme piantato, ogni frutto raccolto è un piccolo passo verso un mondo più consapevole e sostenibile. L'orto ci insegna pazienza, resilienza e l'importanza di rispettare i ritmi naturali. Grazie per aver scelto di intraprendere questo percorso con me.

Che ogni raccolto sia il riflesso del nostro impegno e della nostra dedizione, e che l'orto possa essere per te un luogo di crescita, di gioia e di connessione profonda con la terra. Il viaggio non finisce qui: continua a coltivare, a imparare ea sognare, perché in ogni seme c'è un futuro da scoprire.

Un ringraziamento speciale va anche a chi ha avuto fiducia in questo progetto, credendo nel potere di un libro che non fosse solo una raccolta di informazioni pratiche, ma una fonte di ispirazione. Grazie per aver visto in queste pagine il valore di un cambiamento profondo, che va oltre la coltivazione di un orto e si spinge verso la creazione di un legame autentico con la natura.

Ringrazio ogni lettore che ha scelto di imbarcarsi in questo viaggio. Ogni seme piantato con cura, ogni gesto consapevole nell'orto, ogni piccolo passo che avrete fatto nella vostra crescita personale è la vera ricompensa per il lavoro che questo libro ha richiesto. Voi, lettori, siete il cuore pulsante di questo progetto, e senza la vostra passione e il vostro impegno, le parole qui scritte non avrebbero trovato alcun significato.

Infine, un grazie profondo a me stessa, per aver avuto il coraggio di intraprendere questa avventura e un ringraziamento speciale va a mia nipote Aurora per aver creduto insieme a me e mi ha sostenuta fin dal primo momento alla realizzazione di questo progetto.

Scrivere queste pagine è stato un cammino che mi ha permesso di esplorare, condividere e, soprattutto, riscoprire l'importanza di un rapporto profondo con la terra. Ogni parola scritta è stata un seme piantato, ogni capitolo una stagione che ha richiesto attenzione, cura e, a volte, pazienza. Mi auguro che queste riflessioni, queste tecniche e questi insegnamenti possano essere per te una guida preziosa, non solo per creare un orto prospero, ma anche per vivere un'esperienza che vada oltre il semplice atto di coltivare.

Che il tuo orto diventi uno spazio di crescita non solo per le piante, ma anche per te stesso, un luogo dove la natura, la passione e la pazienza si intrecciano, dove ogni piccolo gesto quotidiano ti insegna a rispettare i cicli naturali ea comprendere il valore del tempo. Un orto non è solo un luogo fisico, ma un'esperienza che arricchisce la mente e lo spirito, una scuola di vita che ci ricorda l'importanza di saper aspettare, di nutrire con cura e di godere dei frutti che il lavoro e l' amore per la terra ci regalano.

Che tu possa imparare a riconoscere la bellezza nei dettagli più piccoli, nelle foglie che si sviluppano, nei fiori che sbocciano e nei frutti che maturano. In questo viaggio, ogni seme piantato è una promessa di crescita, un invito a vivere in armonia con la natura, una lezione di pazienza e di cura. Ogni passo che fai nel tuo orto è un passo verso una connessione più profonda con la terra e con ciò che essa ci offre. Non si tratta solo di coltivare piante, ma di coltivare una mentalità che ci permette di vivere in modo più sostenibile, consapevole e rispettoso dell'ambiente.

Il viaggio che hai intrapreso non finisce con la raccolta dei frutti, ma prosegue, stagione dopo stagione, con nuove sfide e scoperte. Ogni anno è una nuova opportunità di apprendimento, di miglioramento e di crescita, sia come giardiniere che come individuo. Che tu possa continuare a seminare con speranza, a curare con dedizione e a raccogliere con gratitudine, ricordando sempre che l'orto è molto più di un semplice spazio coltivato: è un simbolo di vita, di rinnovamento e di trasformazione. Inoltre, che tu possa continuare a coltivare con passione e dedizione, trovando in ogni seme piantato una promessa di rinnovamento e speranza, e che la bellezza del processo di crescita ti accompagni sempre. Concludo con l'invito a non smettere mai di imparare, di esplorare, di adattarti e di condividere la tua esperienza con chi ti circonda, perché solo insieme possiamo costruire un mondo più sostenibile e ricco di opportunità per le generazioni future.